ARTISAN CHARCUTERIE

이선재

요식업 현장에서 커리어를 이어가던 중, 우연히 참여하게 된 독일 샤퀴테리 연수를 통해 새로운 세계를 마주하게 되었다. 그곳에서 경험한 샤퀴테리는 단순한 육가공 기술이 아니라, 시간과 환경, 재료의 관계를 다루는 하나의 체계였다. 이 경험을 계기로 샤퀴테리에 깊이 매료되어 본격적인 연구와 실험을 이어가기 시작했다. 국내로 돌아온 이후에는 샤퀴테리의 원리와 기술을 정리하고 재현하는 데 집중했고, 지금은 교육과 실습 중심의 수업, 그리고 현장 적용을 위한 컨설팅을 활발히 진행하고 있다.

복잡한 공정을 단순한 레시피가 아닌 구조와 원리로 설명하는 것을 중요하게 여기며, 샤퀴테리를 '이해하고 구현할 수 있는 기술'로 전달하는 데 초점을 두고 있다. 현재 메종무슈에서 샤퀴테리 분야의 전문 교육과 연구를 병행하며, 현장과 이론을 연결하는 작업을 이어가고 있다.

maison_monsieur_

ARTISAN CHARCUTERIE
아티장 샤퀴테리

초판 1쇄 인쇄   2026년 4월 8일
초판 1쇄 발행   2026년 4월 27일

지은이 이선재 | **펴낸이** 박윤선 | **발행처** (주)더테이블

기획·편집 박윤선 | **디자인** 김보라 | **사진** 박성영 | **영상** 신동민 | **스타일링** 이화영
영업 김남권, 문성빈 | **경영지원** 이정민

주소 경기도 부천시 조마루로385번길 122 삼보테크노타워 2002호
홈페이지 www.icoxpublish.com | **쇼핑몰** www.baek2.kr (백두도서쇼핑몰) | **인스타그램** @thetable_book
이메일 thetable_book@naver.com | **전화** 032) 674-5685 | **팩스** 032) 676-5685
등록 2022년 8월 4일 제386-2022-000050 호 | **ISBN** 979-11-92855-26-4 (13590)

※ 이 책에서 사용하는 외래어는 국립국어원이 정한 외래어 표기법을 따르되, 일부 용어는 일반적으로
   널리 통용되는 표기를 반영하였습니다.

ARTISAN CHARCUTERIE

아티장 샤퀴테리

이선재 지음

집에서 시작해 소규모 업장까지
확장하는 기술과 활용

더 테이블
THE TABLE

PROLOGUE

집에서 시작해, 매장으로 이어지는 수제 햄 이야기

서양에는 살라미나 초리조와 같은 샤퀴테리 문화가 있다면, 우리에게는 김장 김치가 있습니다. 서로 전혀 다른 음식처럼 보이지만, 집에서 정성을 다해 만들고 그 기술과 맛이 세대를 거쳐 전해진다는 점에서는 서로 닮아 있습니다.

저 역시 과거 여러 브랜드에서 다양한 제품을 개발하며 대량 생산의 효율성을 익혔습니다. 그러나 시간이 지날수록 제가 추구하는 '나만의 맛'과 '정성'은 공장식 시스템 안에서 온전히 담아내기 어렵다는 사실을 깨닫게 되었습니다. 이 책은 바로 그 고민에서 시작되었습니다.

서양의 샤퀴테리가 살라미나 초리조를 통해 각 지역의 전통과 손맛을 담아내듯, 우리에게도 김장을 통해 전해 내려온 고유한 손맛이 있습니다. 이 책은 그 정성과 기술을 바탕으로, 누구나 자신의 매장이나 가정에서 특별한 햄을 만들어낼 수 있도록 돕고자 합니다.

이 책에서 다루는 것은 대량 생산된 기성품이 아니라, 정성을 담아 만드는 수제 샤퀴테리입니다. 처음에는 서툴 수 있지만, 그 과정을 통해 자신만의 맛을 찾아갈 수 있을 것입니다. 나아가 가내 수공업의 형태로 하나의 브랜드를 만들고, 자신만의 샤퀴테리를 선보이기를 기대합니다.

이 책을 통해 여러분은 기획된 대량 생산품이 아닌, 재료의 특성과 손끝의 감각을 살린 독창적인 맛을 만들어낼 수 있을 것입니다. 그리고 몇 년 후 다시 이 책을 펼쳤을 때, 그 과정 속에서 자신이 어떻게 성장해 왔는지를 돌아볼 수 있는 기록이자 동반자가 되기를 바랍니다.

CONTENTS

1. 수제 소시지 이론   48

❶ 고기 염장과 소금의 역할

❷ 고기의 감칠맛, 지방의 고소함, 수분이 주는 촉촉함

❸ 떡갈비처럼 촉촉하고 끈끈한 고기와 육즙

2. 메종 샤퀴테리 실습

6. 아티장 샤퀴테리 실습

01

본레스 로스트 햄

132

02

약드부어스트

138

03

모르타델라

144

04

**이탈리안
비앙코 소시지**

150

05

**폴란드 스타일
킬바사 소시지**

156

06

텀블링 잠봉

162

01

스모크 소시지

220

02

**개네디언
등심 베이컨**

228

03

관찰레

234

7. 프로페셔널 샤퀴테리 응용 요리

04
코파와
병아리콩 수프
272

05
초리조
감자 뇨끼
276

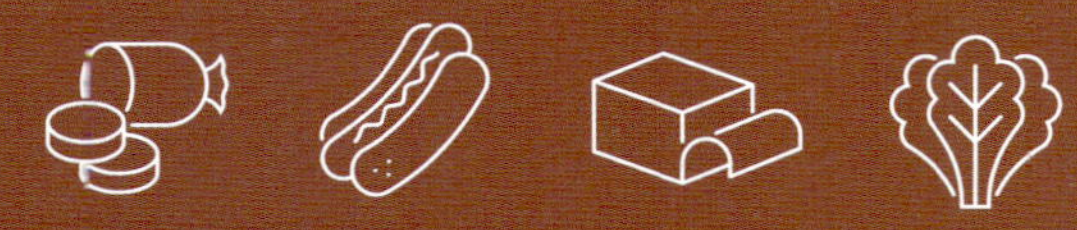

PART 1

샤퀴테리의 정의와 기원

샤퀴테리(charcuterie)는 프랑스어로 고기를 소금에 절이거나 훈연·건조·발효해 만든 전통 가공육을 통칭하는 말입니다. 본래는 돼지고기를 소금에 절여 보관성을 높인 가공육을 가리키던 개념입니다. 이러한 배경 속에서, 고대 유럽에서는 냉장 설비가 없던 시절 고기를 오래 보관하기 위해 소금과 허브, 향신료를 활용한 발효·건조·훈연 기술이 발달했습니다.

이러한 기술은 프랑스와 이탈리아, 스페인을 중심으로 지역별 전통으로 자리 잡았고, 살라미와 초리조, 프로슈토와 같은 다양한 샤퀴테리 제품이 탄생했습니다. 즉, 샤퀴테리는 오랜 시간 가정과 작은 공방에서 전해 내려온 서양의 보존 음식 문화이며, 오늘날에는 장인의 기술과 미식적 가치가 결합된 하나의 식문화로 자리 잡고 있습니다.

소금에서 시작된 보존의 기술과 유럽 샤퀴테리의 역사

샤퀴테리의 시작에는 언제나 소금이 있습니다. 고기를 오래 먹기 위해 인류가 처음 선택한 방법은 복잡한 기술이 아니라, 소금에 절이는 것이었습니다. 소금은 고기의 수분을 빼내 미생물의 성장을 억제하고, 시간이 지나면서 오히려 맛을 깊게 만드는 가장 단순하면서도 강력한 도구였습니다. 샤퀴테리는 이러한 소금의 작용을 이해하고 다루는 데서 출발한, 인류의 가장 오래된 보존 기술 가운데 하나입니다.

이 이야기는 우리에게도 낯설지 않습니다. 한국의 김장 역시 소금에서 시작됩니다. 배추를 소금에 절여 수분을 빼고 조직을 단단하게 만든 뒤 양념을 입혀 시간을 기다리는 과정은 김치의 생명과도 같습니다. 이때 소금은 단순히 짠맛을 더하는 재료가 아니라, 발효의 방향을 잡고 저장성을 결정하는 기준점이 됩니다. 김장을 해본 사람이라면 소금이 많아도, 적어도 문제가 되며, 계절과 배추의 상태에 따라 맛이 달라진다는 사실을 잘 알고 있을 것입니다.

유럽의 햄과 살라미 역시 다르지 않습니다. 고기를 소금에 절여 수분을 조절하고, 공기와 시간에 맡기는 방식은 김치를 담그는 감각과 닮아 있습니다. 그래서 샤퀴테리는 '외국 음식'이기 이전에, 김장을 이해하는 사람이라면 충분히 공감할 수 있는 음식 문화라 할 수 있습니다.

유럽에서는 이러한 염장 기술이 지역마다 서로 다른 방식으로 발전해 왔습니다. 북부 유럽에서는 가열과 훈연이 중심이 되었고, 남부 유럽에서는 건조와 숙성이 발달했습니다. 그 결과 잠봉, 프로슈토, 살라미, 소시송과 같은 다양한 유럽식 샤퀴테리가 만들어졌습니다. 이 샤퀴테리들은 특정한 레시피로 완성된 음식이라기보다, 김치가 그러하듯 지역의 기후와 계절, 생활 방식이 오랜 시간에 걸쳐 쌓여 완성된 결과물이라 할 수 있습니다.

2

집에서 시작해 판매로 이어지는
메종과 아티장의 정신

샤퀴테리가 처음 만들어진 곳은 공장도, 레스토랑도 아니었습니다. 샤퀴테리의 출발점은 언제나 집, 즉 메종(Maison)이었습니다. 겨울을 나기 위해, 가족과 이웃을 먹이기 위해, 한 마리의 고기를 남김없이 사용하기 위해 집 안에서 만들어졌습니다. 집집마다 김치의 맛이 다르듯, 샤퀴테리 역시 가정마다 방식과 맛이 달랐습니다. 그리고 그 차이는 음식의 개성이 되었고, 곧 지역의 문화로 자리 잡았습니다.

이러한 맥락에서 아티장(Artisan)의 정신을 이해할 수 있습니다. 아티장은 대량 생산을 하는 사람이 아니라, 자신의 음식에 애정을 다해 끝까지 책임지는 사람입니다. 고기의 상태를 눈과 손으로 판단하고, 소금의 양과 시간을 스스로 조절하며, 결과에 자신의 이름을 겁니다. 김치를 담글 때 '이 정도면 됐겠다'라고 손으로 가늠하는 것처럼, 샤퀴테리 역시 수치와 이론만큼이나 감각을 발휘하고 정성을 기울이는 태도가 중요합니다.

왜 가공업이 아닌
가내 수공업인가

"가공업은 가내 수공업을 이길 수 없고,
가내 수공업이 가공업을 따라가면 가랑이가 찢어진다"

이 책에서 '가공업'이 아닌 '가내 수공업'의 형식에 초점을 맞춘 이유가 여기에 있습니다. "가공업은 가내 수공업을 이길 수 없고, 가내 수공업이 가공업을 따라가면 가랑이가 찢어진다"라는 말은 이 선택을 가장 직설적으로 설명해 줍니다.

공장은 일정한 맛을 빠르게 만들어낼 수는 있지만, 김치가 집집마다 다른 손맛을 지니듯 그 미묘한 차이까지 담아내기는 어렵습니다. 반대로 가내 수공업이 공장의 속도와 물량을 따라가려 한다면, 결국 자신이 가진 감각과 작업의 밀도를 잃게 됩니다. 샤퀴테리 역시 다르지 않습니다. 가내 수공업의 강점은 규모에 있지 않습니다. 남들과 다른 맛, 그리고 음식과의 조화를 완성도 높게 담아내려는 태도에서 비롯됩니다.

이 책에서는 더 많이 만드는 방식보다 제대로 만드는 방식을 선택합니다. 더 빠른 확장보다 오래 지속할 수 있는 밀도를 중요하게 다룹니다. 샤퀴테리를 산업의 언어가 아닌, 김장을 담그는 우리의 감각으로 다시 풀어내고, 현대의 작은 작업 환경에서도 충분히 구현할 수 있는 아티장 샤퀴테리의 방향을 제시하고자 합니다. 소금에서 시작된 이 오래된 기술을 손끝과 감각으로 다시 잇는 것, 그것이 이 책에서 말하고자 하는 샤퀴테리의 본질입니다.

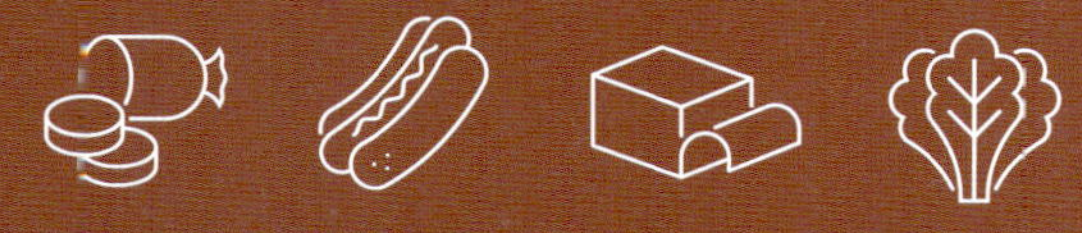

PART 2

본격적인
샤퀴테리
작업에 앞서

이 파트에서는 샤퀴테리 작업에 들어가기 전에 알아 두어야 하는 기본 장비, 기능성 재료, 그리고 반드시 익혀야 하는 공통 작업 기술을 자세하게 설명합니다.

햄용 실과 네트망, 케이싱, 충진기처럼 실제 작업에 사용하는 도구부터 피클링솔트(아질산염), 인산염, 아스코르빈산과 같은 기능성 재료의 역할을 설명하고, 각각이 어떤 공정에서 왜 필요한지를 이해할 수 있도록 구성했습니다.

또한 천연 케이싱과 인조 케이싱, 플라스틱 케이싱의 세척과 준비, 소시지 충진, 링킹, 묶기까지 사진과 영상을 함께 단계별로 정리해 실제 작업 흐름을 자연스럽게 익힐 수 있도록 했습니다.

아질산염과 천연 대체제의 차이, 발색과 보존의 원리처럼 샤퀴테리의 안전성과 품질을 좌우하는 핵심 이론도 함께 다루어, 이후 레시피를 보다 정확하게 이해하고 응용할 수 있도록 돕습니다.

메종 샤퀴테리를 위한 도구와 재료들

이 책에서 사용한 도구와 재료는 모두 국내에서 쉽게 구매할 수 있으며, 추천하는 브랜드가 있는 경우에는 검색이 쉽도록 브랜드명 뜨는 유통사명을 함께 표기했습니다.

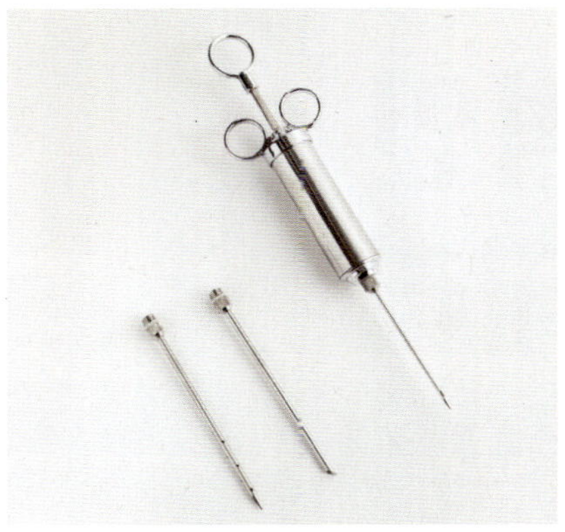

염지 주사기

염지 주사기는 염지액을 고기 내부 깊숙이 직접 주입하기 위한 도구입니다. 염지 주사기를 사용하면, 고기 표면에만 염지가 되는 것이 아니라, 고기 중심부까지 고르고 빠르게 염지액을 균일하게 침투시킬 수 있습니다.

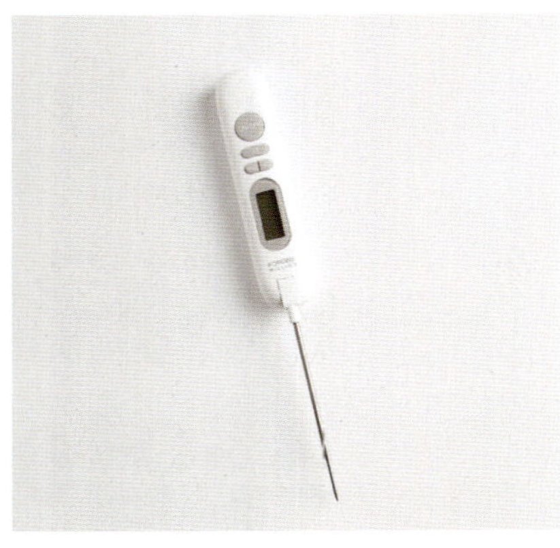

온도계

온도계는 햄, 소시지, 훈제육 제조에서 가열 공정을 수치로 확인하기 위한 도구입니다. 고기 내부의 정중앙 심부 온도를 기준으로 판단하며, 일반적으로 내부 온도를 65℃에서 72℃ 범위로 맞춰 식품 안전성을 확보합니다.

햄용 실

햄용 실은 염지, 가열, 흔연, 숙성 과정에서 고기의 형태를 잡고 조직을 안정화하기 위한 전용 실입니다. 단순한 소고품이 아니라, 햄의 단면 형상, 결착 상태, 슬라이스 밀도 등 최종 품질에 경향을 주는 공정 도구입니다. 이 책에서는 명주실을 사용했습니다.

햄 네트망

햄 네트망(햄 네팅)은 염지, 가열, 훈연 과정에서 햄의 형태를 유지하고 조직을 안정화하기 위한 그물형 보조 도구입니다. 단순히 묶는 장치라기보다, 고기가 스스로 단단해질 수 있도록 지지해 주는 틀에 가깝습니다.

천연 케이싱 (양장)

양장은 양의 소장을 세척·가공한 천연 소시지 케이싱입니다. 가장 얇고 섬세한 케이싱으로, 입안에서 '톡' 하고 터지는 식감이 특징입니다. 식감은 매우 부드럽지만, 공정 중 파열에 주의가 필요합니다.

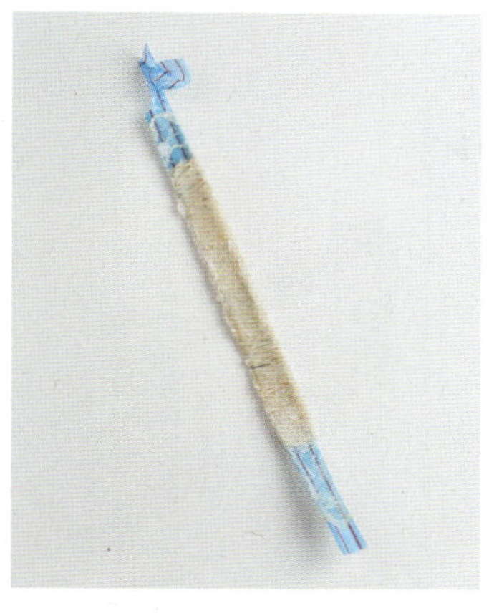

천연 케이싱 (돈장)

돈장은 돼지의 소장을 세척·가공한 가장 표준적인 천연 소시지 케이싱입니다. 양창자보다 두껍고, 식감과 내구성, 작업성의 균형이 뛰어납니다. 일반적으로 '소시지다운 소시지'의 기준이 되는 케이싱입니다. 다만 질김이 느껴질 수 있으므로, 사용 전 표면을 충분히 건조하거나 훈연·건조 공정을 거치면 질기지 않은 뽀득한 식감으로 완성할 수 있습니다.

파이브러스 인조 케이싱

파이브러스 인조 케이싱은 셀룰로오스에 섬유를 보강해 만든 케이싱으로, 형태 안정성이 뛰어납니다. 식용 케이싱이 아니며, 가열·훈연·숙성 공정을 정확하게 구현하기 위한 외피에 가깝습니다.

플라스틱 케이싱 60

지름 6cm의 비식용 플라스틱 햄 케이싱입니다. 가열 공정에서 수분 손실을 최소화하고, 형태와 조직을 안정적으로 유지하기 위한 외피 역할을 합니다. 훈연용이 아닌 습가열에 최적화된 케이싱입니다.

플라스틱 케이싱 90

지름 9cm의 플라스틱 햄 케이싱으로, 재질과 용도는 플라스틱 케이싱 60과 동일합니다. 보다 큰 덩어리 햄의 형태를 안정적으로 잡는 데 적합하며, 습가열 공정에 특화된 케이싱입니다.

* '플라스틱 소시지 케이싱'으로 검색하면 쉽게 찾을 수 있습니다.

소형(1kg 용량)

중형(3kg 용량)

대형(5kg 용량)

소시지 충진기

소시지 충진기는 완성된 고기 반죽을 케이싱 내부에 일정한 밀도로 충진하기 위한 전용 도구입니다. 고가의 자동 장비도 좋지만 수동형 충진기를 사용해도 충분하며, 반죽량에 따라 1kg, 3kg, 4kg, 5kg 중 맞는 제품을 선택하는 것을 권장합니다.

고기 다짐기

일반적으로는 다짐 고기를 구매해 사용하는 것이 효율적이지만, 보다 전문적인 작업이나 원가 절감이 필요한 경우에는 고기 다짐기를 사용해 직접 다지는 방식을 권장합니다.

햄 슬라이서(육절기)

햄 슬라이서, 즉 육절기는 반드시 업소용 전문 장비를 사용하는 것이 바람직합니다. 가격대는 국산 장비 기준 약 80만 원에서 90만 원대, 수입 장비는 약 160만 원에서 300만 원대까지 다양하며, 작업 빈도와 목적에 맞춰 선택합니다.

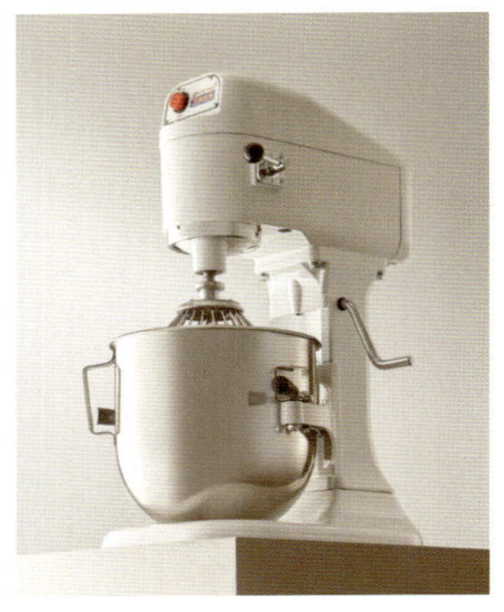

스파 믹서기

본 책에서 사용하는 반죽기입니다. 최대 2.5~3kg까지 반죽이 가능하므로, 햄과 소시지 작업을 병행할 경우 소시지 충진기는 4~7kg 용량을 구비하는 것이 효율적입니다. 참고로 20쿼터 믹서기는 약 4kg, 30쿼터 믹서기는 약 5~6kg의 반죽 작업이 가능합니다.

텀블링 잠봉 몰드(스텐 육수망)

본래 다시다나 멸치 육수 등을 보관·제조하는 용도로 사용되는 원통형 용기입니다. 이 책에서는 소규모 업장에서 보다 효율적으로 텀블링 잠봉 작업을 진행하기 위해 해당 용기를 몰드로 활용합니다. 작업하는 용량에 맞는 크기를 사용하며, 가열 공정 중 내부 온도를 정확히 확인할 수 있도록 상단 중앙에 온도계를 꽂을 수 있는 구조의 제품을 선택하면 편리합니다.

겔프부어스트 시즈닝(복합 조미료)

겔프부어스트 시즈닝은 수제 소시지에 특화된 복합 조미료로, 소량만으로도 소시지에 맛과 풍미, 향을 부여합니다. 전체 반죽 대비 약 0.4% 내외로 사용합니다.

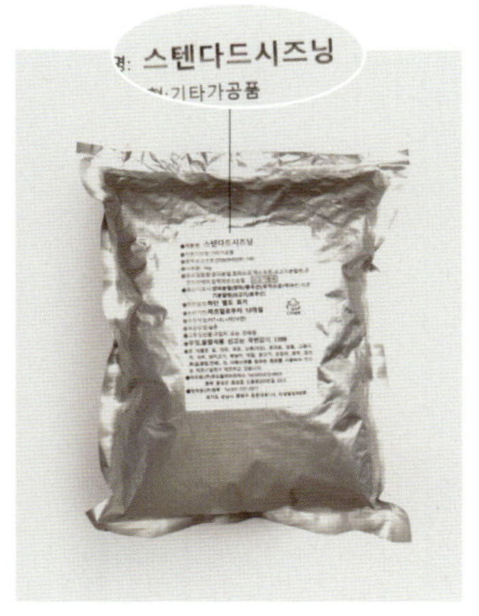

스탠다드 시즈닝(복합 조미료)

스탠다드 시즈닝은 수제 소시지와 수제 햄 모두에 폭넓게 활용할 수 있는 복합 조미료로, 필요에 따라 다른 조미료나 향미료와 혼합해 사용할 수 있습니다. 전체 반죽 대비 약 0.4% 내외로 사용합니다.

S자 고리

S자 고리는 소시지나 햄을 걸어 건조하거나 숙성하기 위한 도구입니다. 특히 숙성과 발효를 거치는 샤퀴테리 공정에서 필수적으로 사용됩니다.

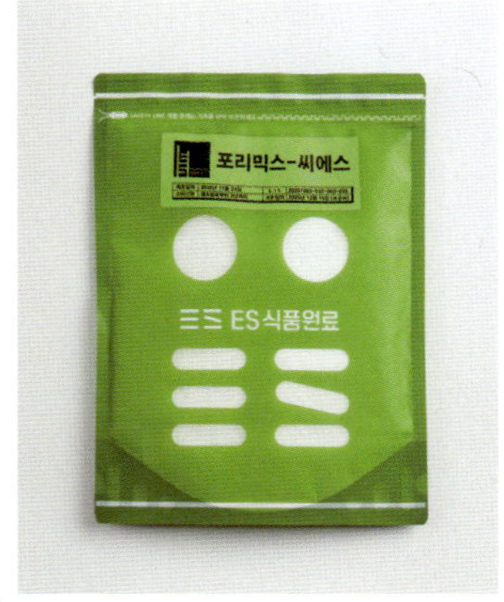

복합 인산염

복합 인산염은 햄과 소시지 제조에서 염용성 단백질의 기능을 안정화하고, 수분과 지방을 함께 결착시키는 보조 성분입니다. 맛을 내기 위한 재료가 아니라 조직과 공정을 안정화하기 위한 필수 재료로, 만두, 소시지 등 가공육 제품에 일반적으로 사용됩니다.

아스코르빈산(Vitamin C)

아스코르빈산은 햄과 소시지 제조에서 발색을 안정화하고 산화를 억제하는 보조 성분입니다. 풍미를 위한 재료가 아닌, 아질산염 사용 시 발암 물질 생성을 저감하는 역할을 합니다.

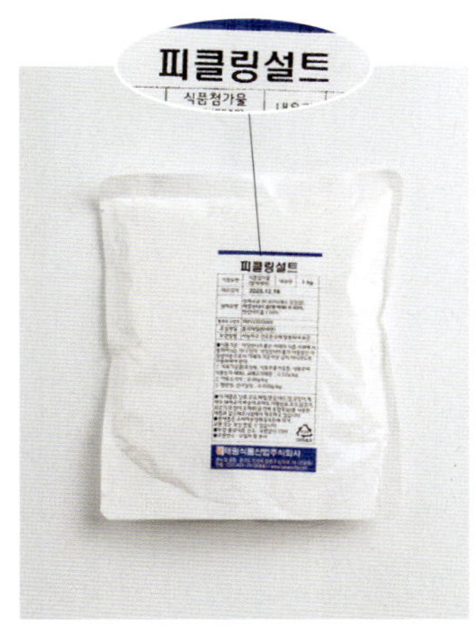

피클링솔트(아질산염)

피클링솔트는 일반 소금에 아질산염을 정해진 비율로 혼합한 제품입니다. 단순한 간 조절용 소금이 아니라, 발색, 보존, 안전성을 동시에 관리하기 위한 재료입니다.

* 사진은 국산 제품(태원식품)이며, ANTHONY'S CURING SALT #1 제품을 사용해도 됩니다.

질산염 (ANTHONY'S CURING SALT #2)

질산염은 샤퀴테리에서 미생물에 의해 다질산염으로 서서히 전환되며 작용하는 장기 발색·보존용 염지 성분입니다. 초리조, 코파, 관찰레 등과 같이 장기간 발효 건조 과정을 거쳐 완성되는 샤퀴테리에 사용됩니다.

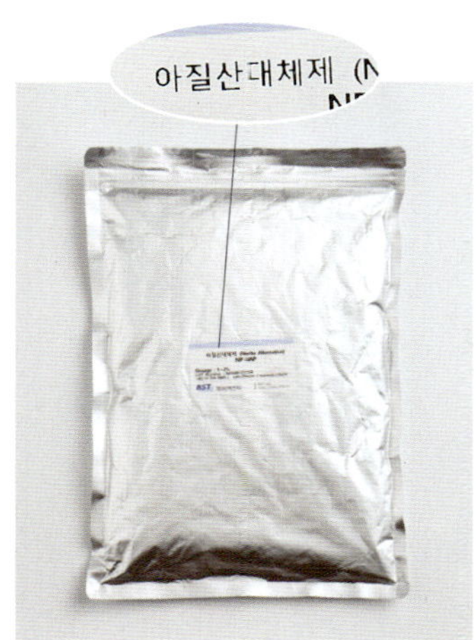

천연 아질산염 대체제

아질산염이 일체 잔존하지 않도록 설계된 재료로, 과일 및 향신료 추출물을 기반으로 제조된 특허 성분입니다-.

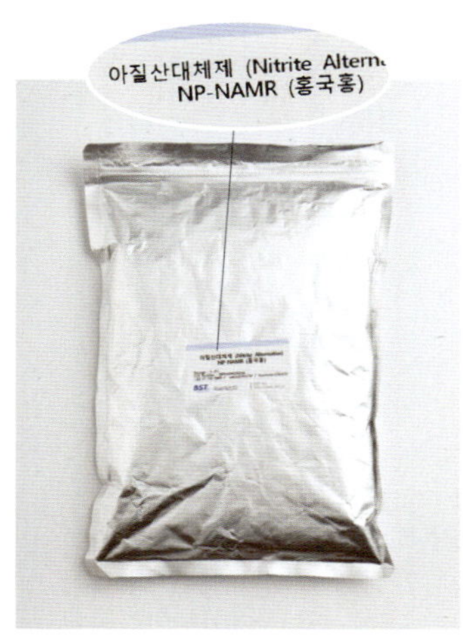

과채추출홍국색소분말

아질산염 대체제 사용 시 부족해질 수 있는 발색을 보완하기 위해 사용하는 천연 색소입니다. 단독 사용이 아닌, 아질산염 대체제와 병용해 색감을 조정하는 용도로 사용합니다.

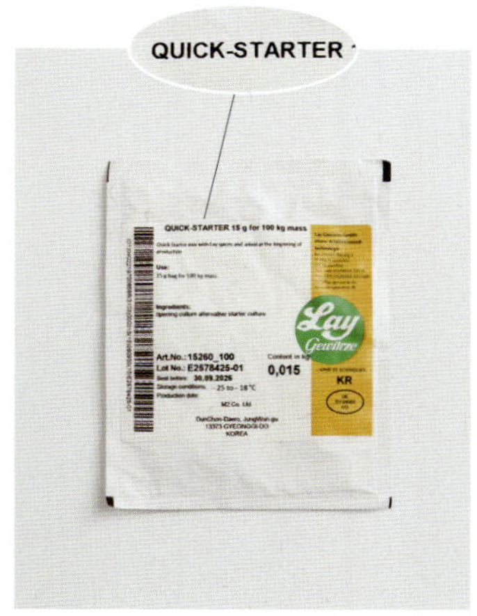

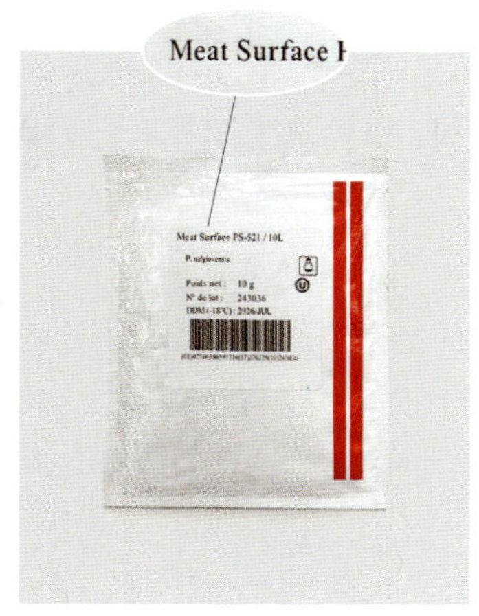

퀵 스타터 컬처(유산균)

퀵 스타터 컬처는 발효 햄과 소시지에서 pH를 계획적으로 낮추고, 저 pH 환경에서 유해 미생물을 제어하기 위해 사용하는 유익 미생물 혼합체입니다. 15g으로 약 100kg의 발효 햄을 제조할 수 있을 정도로 사용량은 매우 적지만, 고가의 재료입니다.

미트 서페이스(Mold 600)

미트 서페이스는 발효 건조 과정을 거치는 샤퀴테리 표면에 사용하는 백색 유익 곰팡이 배양균입니다. 주요 균종은 Penicillium nalgiovense로, 까망베르 치즈 표면과 유사한 곰팡이입니다. 표면을 보호하고 숙성 환경을 정리하며, 빠른 수분 증발을 억제해 정해진 기간 동안 안정적인 발효·숙성을 돕는 역할을 합니다. 강한 풍미를 내기 위한 재료가 아니라, 숙성을 위한 보호막에 해당합니다.

- 퀵 스타터, 미트 서페이스는 seasoningtalk.com 사이트 '기획/숙성소재' 카테고리에서 구매하실 수 있습니다.

- 겔프부어스트 시즈닝, 스탠다드 시즈닝, 천연 아질산염 대체제, 과채추출홍국색소분말은 masion_monsieur@naver.com 로 문의하시면 소량으로 구매하실 수 있습니다. (천연 케이싱-돈장과 양장, 인조 케이싱, 파이브러스 케이싱, 햄 네트망은 시중에서 쉽게 구매할 수 있으나, 대량 구매가 부담스러운 경우 문의하시면 소량으로도 구매할 수 있습니다.)

- 그 외 도구와 재료들은 모두 책에 소개된 제목(키워드)로 검색하면 쉽게 구입하실 수 있습니다.

소금의 본질적 역할

수제 샤퀴테리에서 소금은 단순히 짠맛만을 내는 조미료가 아니라 기능성 재료로 볼 수 있으며, 다음과 같은 역할을 합니다.

- 염용성 단백질(마이오신) 추출
- 수분 결합력(Water Holding Capacity) 형성
- 지방과 수분의 유화 안정화
- 조직 형성(gel network)

즉, 소금은 풍미를 더하는 재료를 넘어 구조를 만드는 핵심 재료입니다. 소금은 샤퀴테리 공정 전반에서 풍미를 형성하는 요소로 작용하지만, 단백질을 추출하고 결착 구조를 형성하는 기능적 역할이 더욱 중요합니다. 따라서 소금의 선택은 최종 품질에 직접적인 영향을 미칩니다.

NaCl은 염화나트륨(sodium chloride)의 화학식으로, 우리가 일반적으로 말하는 '소금'의 주성분입니다. 소금의 기능은 이 염화나트륨의 함량에 의해 결정되며, 함량이 높을수록 단백질 용출과 결착, 유화 안정성이 일정하게 유지됩니다. 반면, 염화나트륨 외에 포함된 미네랄 성분은 풍미에는 영향을 줄 수 있지만, 기능적인 측면에서는 변수가 될 수 있습니다.

이러한 이유로 미네랄을 포함한 천일염이나 조미소금은 풍미 측면에서는 장점이 있을 수 있으나, 단백질 결착과 유화 안정성에 영향을 줄 수 있으며 결과의 재현성이 낮아질 수 있습니다. 특히 가열형 육가공 제품에서는 이러한 차이가 조직 형성의 편차로 이어질 수 있으므로 주의가 필요합니다.

이 책에서는 수제 샤퀴테리의 결착 안정성과 유화 구조의 재현성을 확보하기 위해, 순도 99% 이상의 정제염(한주소금)을 기준으로 사용합니다. 풍미는 소금이 아닌 별도의 재료로 설계하는 것이 바람직합니다.

소금 종류별 염화나트륨 함량 및 구성 비교

구분	염화나트륨(NaCl) 함량	나트륨(Na) 함량	기타 구성 성분
게랑드 소금(천일염)	92~95%	36~37%	마그네슘(Mg^{2+}), 칼슘(Ca^{2+}), 칼륨(K^+), 황산염, 점토 미네랄, 수분
꽃소금 (국내 천일염-세척형)	96~98%	37~38%	마그네슘(Mg^{2+}), 칼슘(Ca^{2+}), 칼륨(K^+) 소량, 수분
맛소금(조미소금)	88~92%	34~36%	L-글루탐산나트륨(MSG), 향미 증진제, 당루
정제염(예: 한주소금)	99~99.9%	39~39.3%	거의 없음(순수 염화나트륨)

3

아질산염의 역할과
대체제의 이해

아질산염은 오랜 기간 육가공품에서 핵심적인 기능성 첨가물로 사용되어 왔습니다. 주요 역할은 병원성 미생물 증식을 억제하고, 지방 산패를 늦추며, 햄과 소시지 특유의 풍미를 형성하고 분홍색 발색을 유지하는 것입니다. 즉, 아질산염은 안전성과 품질을 동시에 담당하는 성분입니다.

그러나 최근 육가공 시장에서는 화학적 보존제에 대한 소비자 거부감이 커지고, 클린라벨을 지향하는 흐름과 저첨가·무첨가 콘셉트 제품이 확대되고 있습니다. 이러한 변화는 기능은 유지하되 성분에 대한 부담은 줄이려는 요구로 이어지며, 천연 대체제가 그 대안으로 주목받고 있습니다.

천연 대체제(NP-NAP)는 아질산염을 직접 사용하지 않으면서도 아질산염이 수행하던 기능을 각각 분리해 구현하는 시스템으로, 주요 구성 성분은 다음과 같습니다.

천연 아질산염 대체제의 주요 구성 성분

- 유산균 발효 농축액
- 식물 유래 플라보노이드
- 녹차 농축액
- 강황 추출액
- 파인애플 추출 발효 농축액
- 덱스트린
- 홍국홍 색소(선택 적용)

이 복합 조합을 통해 항균, 항산화, 지방 산패 억제, 저장성 확보 기능을 구현합니다. 즉, 아질산염을 대체하는 것이 아니라 아질산염의 역할을 분해해 재구성한 방식입니다.

천연 대체제의 가장 큰 특징은 아질산이온이 검출되지 않는다는 점입니다. 따라서 '아질산염 무첨가' 또는 '무검출' 콘셉트를 구현할 수 있으며, 성분표를 단순화해 소비자 신뢰도를 높이는 데에도 유리합니다.

항균력 또한 안정적입니다. 식중독균과 곰팡이를 포함한 병원성 균주 5종에 대해 항균 활성이 확인되

었으며, 일부 조건에서는 기존 아질산
염보다 우수한 항균 효과를 보이기도
합니다. 지방 산화로 인한 이취와 산패
취를 약 40% 수준까지 억제해 저장 중
풍미 안정성을 높이며, 냉장·냉동 유통
제품에도 유리합니다. 향과 맛에 미치
는 영향이 크지 않아 고기 본연의 풍미
를 유지할 수 있다는 점도 장점입니다.

다만 천연 대체제는 보존과 안정성 확
보를 목적으로 설계된 성분이므로 발
색 기능은 없습니다. 따라서 천연 아질
산염 대체제를 사용하면서 햄과 소시
지 특유의 분홍색을 구현하려면, 천연
아질산염 대체제와 과채추출홍국색소
분말을 함께 사용해야 합니다.

- **천연 아질산염 대체제 :** 고기 중량 대비 1~2% 사용
- **과채추출홍국색소분말 :** 고기 중량 대비 0.5% 사용

이 조합에서는 보존 기능은 천연 아질산염 대체제가 담당하고, 색상 표현은 과채추출홍국색소분말이
담당합니다. 즉, 기능을 분리해 설계하는 방식입니다.

아질산염이 하나의 성분으로 보존, 발색, 풍미 형성을 동시에 수행한다면, 천연 대체제는 여러 성분의
복합 작용으로 항균과 항산화를 구현한다는 점에서 차이가 있습니다. 또한 잔존 이온이 남지 않고 천
연 유래 성분으로 구성된다는 점에서 소비자 인식 측면에서도 차별성을 가집니다.

이 책에서는 스모크 소시지(220p)에서 천연 대체제를 활용한 실제 제작 방식을 소개합니다. 이를 통해
다음과 같은 접근을 경험할 수 있습니다.

- 아질산염 없이 구현 가능한 소시지 품질
- 클린라벨 콘셉트 제품의 실제 제작 방식
- 색·보존·풍미를 분리해 설계하는 기술적 접근

천연 대체제는 단순히 아질산을 배제하기 위한 재료가 아니라, 제품 설계의 선택지를 넓히는 하나의
기술적 도구입니다.

4

샤퀴테리 공통 테크닉

❶ 천연 케이싱(양장, 돈장) 세척

양장과 돈장의 세척

1. 소금에 절여진 천연 케이싱(양장 또는 돈장)은 미온수에 30분 정도 담가 부드럽게 풀어준 뒤, 조금씩 잡아당겨 내부가 꼬이지 않도록 천천히 펼친다.

   tip. 시판 천연 케이싱은 소금에 절여져 있으므로, 사용하기 전 필요한 만큼 꺼내 흐르는 물에서 소금기를 제거한 후 미온수에 30분 정도 담가 두었다가 사용한다.

2. 케이싱 내부에도 물을 채우고 빼내 내부의 소금기와 불순물을 제거한다.

3. 이때 케이싱 내부에 겹쳐 들어간 부분은 끝까지 펼쳐, 두 겹인 상태로 작업하지 않도록 한다.

   tip. 내부 세척이 끝나면 손으로 문질러 닦지 말고 자연스럽게 물기를 털어 정리한다.

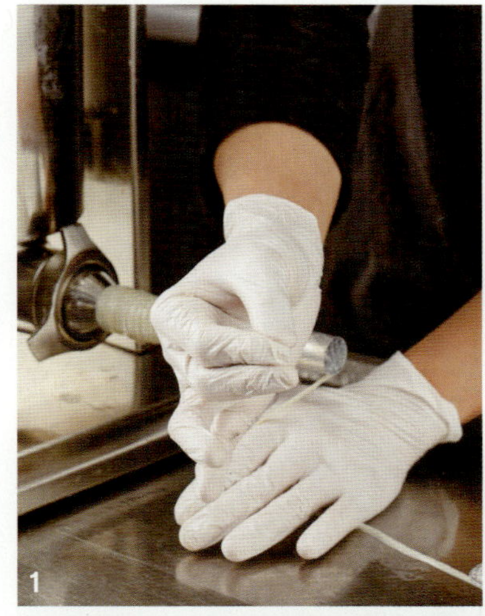

소시지 충진기에
천연 케이싱 끼우기

1. 고기 반죽을 채운 충진기를 준비하고 노즐 표면에 물기를 약간 묻힌 뒤, 케이싱 끝을 끼운다. 이때, 검지와 엄지를 이용해 케이싱만 밀어 넣고, 노즐은 직접 잡지 않는다.

2. 충진 전 노즐 내부에 반죽이 먼저 차도록 손가락으로 반죽을 밀어 공기를 제거한다.

3. 처음 나오는 반죽은 2~3cm 정도 앞으로 빼 공기층을 먼저 정리한다.

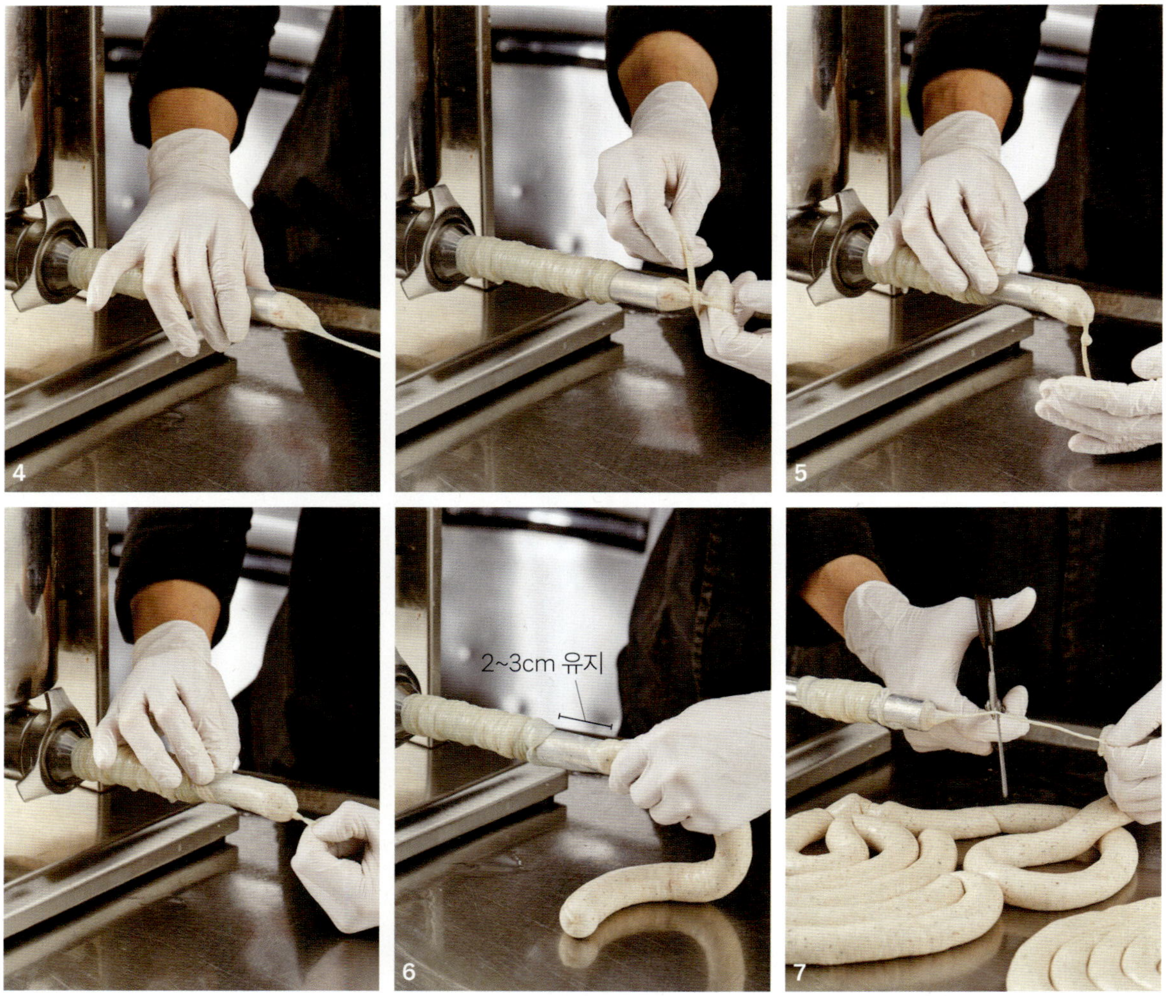

소시지 충진

4. 케이싱 내부에 공기층이 없도록 한 뒤, 케이싱을 한 번만 묶되 감아 주듯이 살짝만 묶는다.

5. 묶인 매듭 부분이 끝으로 가도록 오른손으로 케이싱을 이동시킨 뒤, 해당 지점에서 강하게 당겨 묶어 고정한다.

6. 엄지와 검지를 이용해 반죽을 노즐 쪽으로 밀듯 충진한다. 이때 노즐 끝은 항상 반죽이 담겨져 있는 상태여야 한다.

tip. 케이싱 내부는 전체 용적의 60~70% 정도만 채운다.

tip. 충진 중 노즐이 보이는 길이는 2~3cm를 유지해 압력이 일정하도록 한다.

7. 충진이 끝나면 공기를 확인하고 끝부분을 여유 있게 잘라 둔다.

❸ 소시지 링킹

소시지 링킹

충진 압력 확인하기

1. 충진 압력이 높은 부분의 반죽을 낮은 쪽으로 이동시켜 전체 충진율이 약 60~70%로 균일하게 되도록 맞춘다.

2. 두 손가락으로 눌러 내부 압력을 70~80% 수준으로 높인다.

3. 원하는 길이로 잡고, 길게 잡은 상태에서 한 방향으로 5~6회 돌린다.

4. 다음 구간도 같은 방식으로 반복하되 한 번 돌렸던 부분은 건드리지 않는다.

5. 끝부분은 공기를 제거한 뒤 묶어 둔다.

링킹이 끝난 소시지는 서로 닿지 않게 넉넉한 간격을 두고 봉에 건다.

소시지 삶기 전 링킹

삶아 완성하는 소시지의 경우 링킹된 부분을 서로 교차시키며 고리 형태로 정리한다. 인접한 소시지를 서로 감아 풀리지 않도록 고정한 뒤, 약 3회 정도 꼬아 물속에서도 형태가 유지되도록 한다. 이 방식은 삶는 과정에서 링킹이 풀리는 것을 방지하는 데 도움이 된다.

링킹 후 삶았을 때 주의할 점

❹ 인조 케이싱 세척과 준비

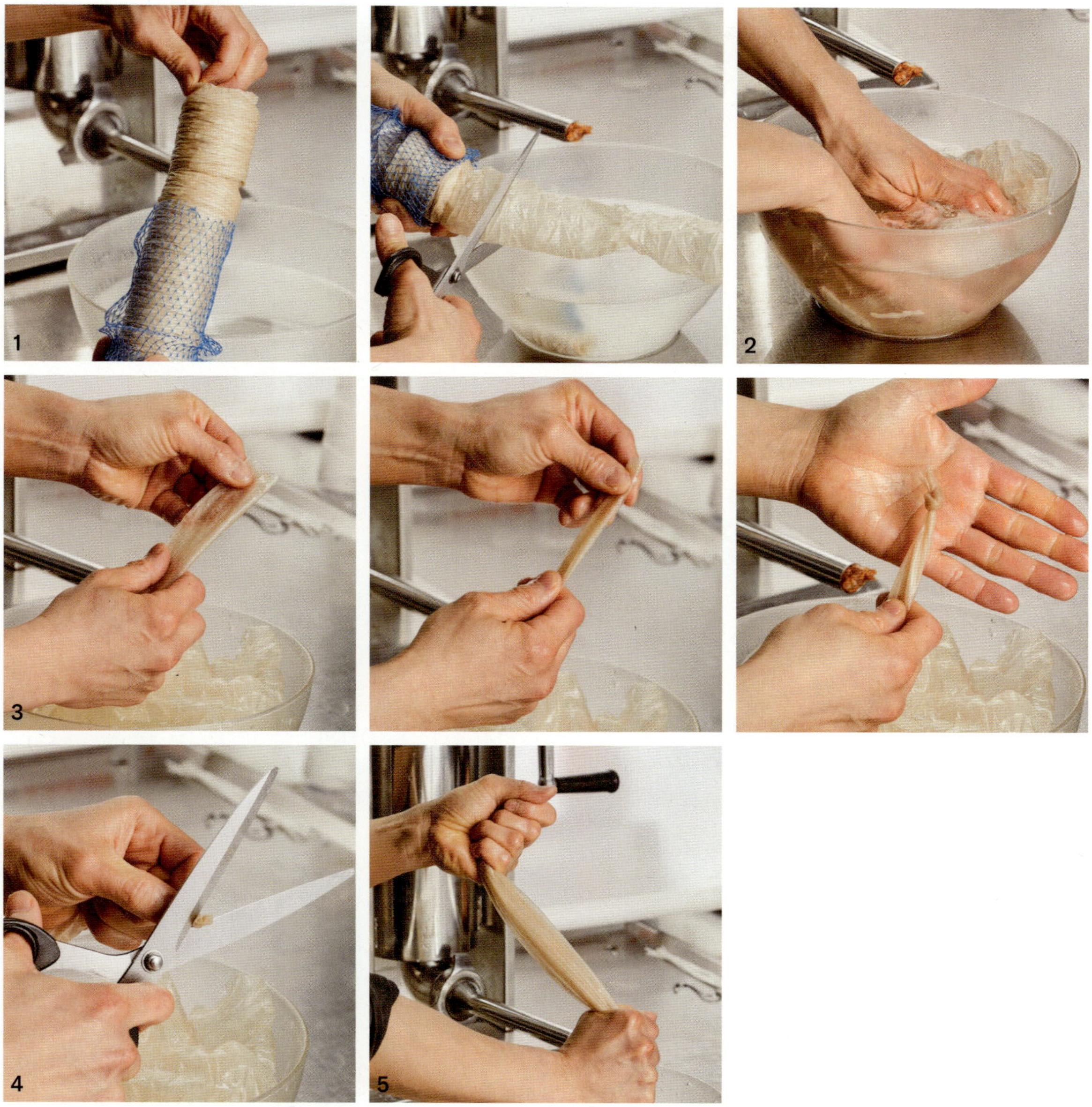

1. 인조 케이싱(파이브러스 또는 플라스틱 케이싱)을 필요한 만큼 당겨 자른다.

2. 미온의 정숫물에 10분간 담가 둔다.

3. 케이싱의 한쪽 끝을 절반으로 접고, 이 과정을 세 번 더 반복해 총 네 번 접은 뒤 묶는다.

4. 불필요한 부분은 가위로 제거한다.

5. 케이싱 내부의 공기를 제거한다.

노즐을
잡은 손
하트 모양

1. 공기 없이 고기 반죽이 채워진 충진기 노즐 입구에 케이싱을 끼운다.

2. 매듭이 있는 케이싱 끝을 노즐 안쪽으로 손가락 두 마디 정도로 밀어 넣어 공기가 들어가지 않도록 한다.

3. 노즐을 잡은 손으로 케이싱을 쓸어내려 내부의 공기를 완전히 제거한 뒤, 노즐 안쪽으로 넣은 손은 하트 모양이 되도록 잡는다.

4. 충진기 핸들을 돌려가며 반죽을 충진한다.

5. **3**, **4**번에서 잡은 손의 위치를 계속 유지하면 공기 유입을 막을 수 있다.

tip. 노즐을 너무 강하게 잡으면 반죽이 고정된 손의 반대 방향으로 새어 나올 수 있으므로, 충진 시 케이싱이 반죽에 의해 자연스럽게 밀려 나올 정도로만 잡는다.

6. 필요한 만큼 밀도 있게 충진한 뒤, 남아 있는 공기층은 핀셋으로 제거한다.

7. 마무리를 위해 케이싱 내부의 공기를 충분히 제거한다.

8. 케이싱 좌우를 교차로 접어준다.

9. 접힌 끝부분을 말듯 끝부분까지 밀도 있게 접어준다.

10. 접힌 부분을 손에 위치시키고 강하게 쥐어 케이싱을 잡아준다.

1. 명주실을 두 겹으로 잡고 30~40cm가 되도록 잘라 준비한다.

2. 케이싱을 잡고 있는 손의 엄지손가락에 경주실을 걸친다.

3. 명주실을 한 바퀴 돌린다.

4. 충진 압력이 강하게 느껴지도록 명주실을 4~5회 정도 더 감은 후, 아래로 힘 있게 당겨 팽팽하게 만든다.

5. S자 고리를 걸어 마무리한다.

❼ 플라스틱 케이싱 세척과 준비

인조 케이싱 세척과 준비

1. 한 쪽이 매듭지어진 플라스틱 케이싱을 미온수에 담가 내부에 물을 넣어준다.

2. 엄지손가락으로 케이싱을 감아 고정시킨 후 압력을 가해 유연하게 만든다.

3. 힘이 부족한 경우 긴 젓가락이나 막대를 이용해 비틀고 손으로 눌러 압력을 높인다.

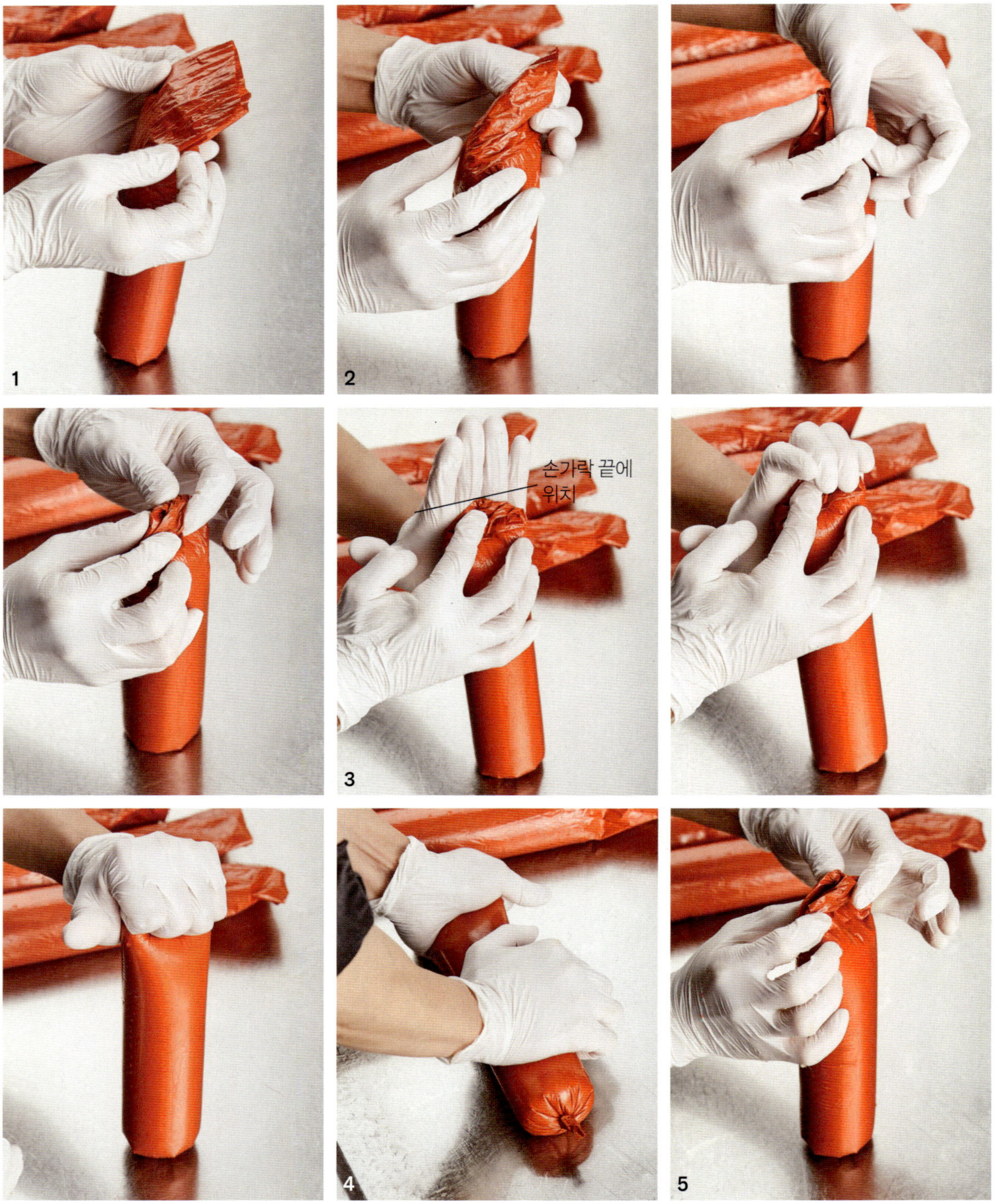

인조 케이싱 충진 후 마무리

1. **1.** 고기 반죽을 충진한 케이싱 끝부분을 엄지손가락으로 눌러 공기를 제거한다.

2. **2.** 케이싱 양쪽을 교차해 접어 끝이 삼각형 모양이 되도록 만든 뒤, 끝까지 말아 준다.

3. **3.** 말아 준 케이싱을 사진처럼 손바닥에 위치시키고 주먹을 강하게 쥐어 밀도 있게 잡는다.

4. **4.** 케이싱을 눕혀 반죽을 처음 매듭지은 부분으로 강하게 밀어 넣어 케이싱 내부의 반죽 밀도를 높인다.

5. **5.** 이 과정에서 밀도가 분산되면 매듭 부분을 다시 정리한 뒤 케이싱을 다시 강하게 잡는다. 이 과정은 수제 햄의 품질을 좌우하므로 충분한 밀도가 형성될 때까지 반복한다.

6. **6.** 명주실을 두 겹으로 잡고 80cm 정도가 되도록 자른 뒤, 케이싱을 잡은 손의 엄지손가락에 건다.

7. **7.** 실을 한 바퀴 감은 뒤, 강하게 당겨 묶는다.

케이싱을 잡은 손
실 끝을 잡은 손
8
9
10
11
12

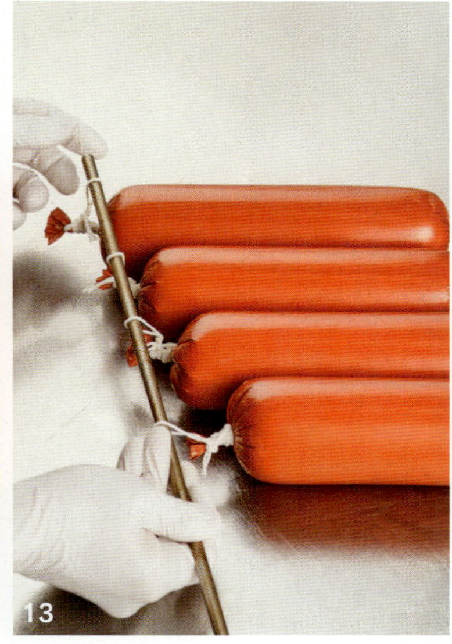

8. 실 끝을 잡고 있는 손은 고정한 상태에서, 케이싱을 잡은 손만 빠르고
    힘 있게 돌려 감아 묶는다.

9. 마지막 감은 지점에서 실을 한 바퀴 더 감아 묶는다.

10. 실을 묶을 때는 오른손을 아래로 당겨 하단부에 매듭이 만들어지도록 한다.

11. 같은 방법으로 한 번 더 묶어 단단히 고정한다.

12. 실을 묶어 고리를 만든 뒤, 매듭 끝에 길게 남은 불필요한 부분은 가위로
    제거한다.

13. 이렇게 고리를 만들면 봉에 건 상태로 오븐에서 익히기에 좋다.

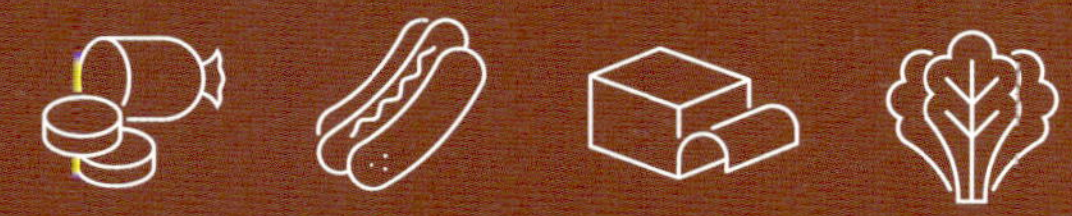

메종
샤퀴테리

•

집에서 만드는
수제 소시지와 햄

햄과 소시지는 대단한 기술을 필요로 하는 음식이라고 생각하기 쉽습니다. 그러나 그 이론을 차근차근 따라가다 보면, 사실 우리가 늘 해오던 요리의 연장선에 있다는 것을 알게 됩니다. 김치를 만들 때처럼 소금으로 배추의 숨을 죽이고, 떡갈비를 만들 때처럼 고기를 치대 찰기를 끌어내며, 마요네즈를 만들 때처럼 물과 기름이 섞이는 유화의 원리를 이해하고, 허브와 채소를 사용해 재료의 향을 더하는 일입니다. 이 네 가지 감각만 기억해도, 어느 집의 부엌에서든 충분히 훌륭한 수제 햄과 소시지를 만들 수 있습니다.

이 파트에서 다루는 이론은 이러한 감각을 잃지 않으면서도, 작업의 이유와 방향을 이해할 수 있도록 조금 더 체계적으로 정리한 것입니다. 누구나 이해할 수 있고, 누구나 시도할 수 있으며, 결국에는 각자의 방식으로 '집의 맛이 담긴 햄'을 만들어 갈 수 있도록 안내하는 데 목적이 있습니다.

1

수제 소시지 이론

❶ 고기 염장과 소금의 역할

햄과 소시지를 생각하면 '짠 음식'이라는 이미지가 먼저 떠오를 것입니다. 그래서 소금은 단순히 짠맛을 내기 위한 재료라고 생각하기 쉽습니다. 그렇다면 소금을 줄이면 더 건강해질까요? 요즘은 저염, 무염이라는 말이 익숙해지면서, 햄과 소시지에서도 소금을 줄이는 것이 더 좋다고 생각하는 경우가 많습니다.

하지만 햄과 소시지에서 소금을 무작정 줄이면 여러 문제가 함께 생깁니다. 고기가 잘 결착되지 않고, 육즙이 줄어들며, 식감과 맛 모두에서 아쉬움이 남습니다. 그래서 햄과 소시지에서 소금은 없애야 할 재료가 아니라, 잘 다뤄야 할 재료입니다. (일반적으로 수제 햄 기준에서 염도는 1.5~1.7%부터 단백질이 결착되며 찰기가 형성되기 시작합니다.)

소금은 맛뿐 아니라 음식의 안전성에도 중요한 역할을 합니다. 음식을 상하게 만드는 균들은 수분이 많고 따뜻한 환경을 좋아하는데, 소금은 이러한 조건을 불리하게 만들어 균의 성장을 억제합니다. 그 결과 음식의 변화 속도가 느려지고, 보다 안정적인 상태를 유지할 수 있습니다. 햄과 소시지에서 소금은 눈에 잘 보이지 않지만, 음식을 안전하게 먹을 수 있도록 지켜주는 중요한 요소입니다.

❷ 고기의 감칠맛, 지방의 고소함, 수분이 주는 촉촉함

소금은 조각난 고기를 하나로 묶어 주는 역할을 합니다. 잘 만든 소시지를 잘라보면 단면이 매끈하게 결착된 것을 확인할 수 있는데, 이는 소금이 만들어낸 결과입니다. 고기에는 소금에 의해 용해되며 결착력을 형성하는 근원섬유 단백질이 존재합니다. 소금이 더해지면 이 단백질이 점성을 띠며 고기 입자들을 하나로 결착시킵니다. 따라서 소시지 반죽을 할 때 손에 살짝 끈적거리는 느낌이 든다면, 이는 반죽이 제대로 형성되고 있다는 신호입니다.

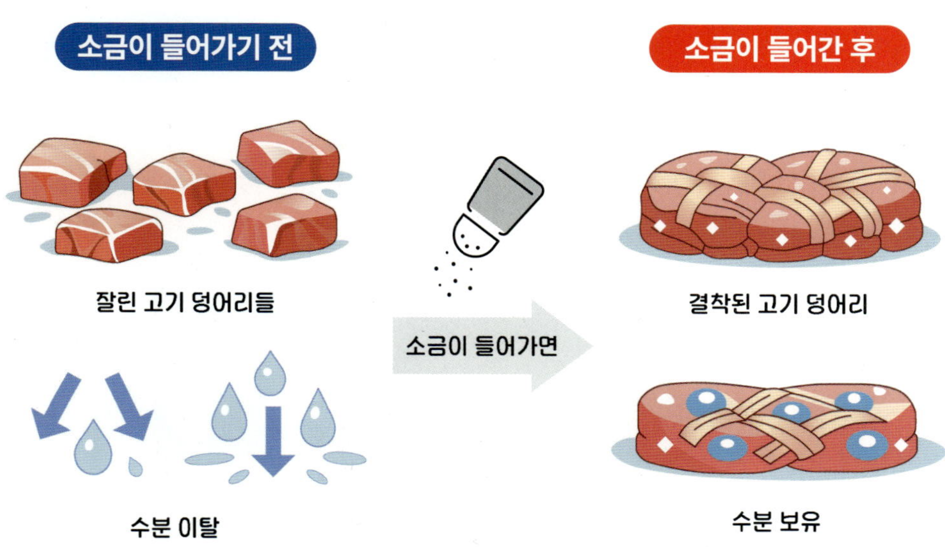

그렇다면 소금은 육즙을 빼는 재료일까요? 많은 분들이 소금을 육즙을 빠지게 하는 재료로 생각합니다. 일부는 맞는 말이지만, 햄과 소시지에서는 이야기가 조금 다릅니다. 적절한 양의 소금은 오히려 육즙을 지켜 줍니다. 소금은 고기 속 단백질을 용해시켜 물과 결합하는 구조를 형성하게 하며, 이 과정에서 수분을 내부에 유지하는 역할을 합니다. 그래서 잘 만든 햄이나 소시지는 씹었을 때 퍽퍽하지 않고 촉촉함이 남습니다. 즉, 찰진 반죽 사이에 수분을 머금도록 돕는 재료가 바로 소금입니다.

❸ 떡갈비처럼 촉촉하고 끈끈한 고기와 육즙

왜 집에서 떡갈비나 만두를 만들면 퍽퍽해질까요? 떡갈비와 만두, 그리고 소시지는 모두 고기와 지방, 물이 함께 섞인 음식입니다. 문제는 이 세 가지 요소가 본래 서로 잘 섞이지 않는다는 점에 있습니다. 그래서 소금이 필요합니다. 소금은 고기 속 근원섬유 단백질을 용해시켜 점성을 형성하고, 고기 입자들이 서로 결착할 수 있는 구조를 만듭니다. 여기에 노른자를 더하면 레시틴 성분이 작용해 지방과 수분이 분리되지 않고 안정적으로 섞이도록 돕습니다.

레시틴은 대표적인 천연 유화제로, 기름과 물처럼 섞이지 않는 두 성분 사이에 작용해 서로를 연결해 주는 역할을 합니다. 마요네즈가 그 대표적인 예입니다. 마요네즈는 기름과 수분이 노른자의 유화 작용을 통해 분리되지 않고, 하나의 유화 상태로 유지됩니다.

소시지 역시 같은 원리로 완성도가 결정됩니다. 소시지의 성공과 실패는 유화가 제대로 이루어졌는지, 혹은 유수 분리가 일어났는지에 따라 분명히 갈립니다.

유화 상태에 따른 소시지 비교

유화가 잘된 상태에서는 기름이 고기 안에 고르게 퍼져 있으며, 절단면이 매끄럽습니다. 가열해도 기름이 밖으로 빠져나오지 않고, 식감은 부드럽고 촉촉합니다. 반대로 유수 분리가 일어난 상태에서는 가열 중 기름이 흘러나오고, 단면에 기름 방울이 보이며, 조직이 거칠고 퍽퍽해집니다. 씹을수록 입안이 쉽게 건조해지는 것도 이 때문입니다.

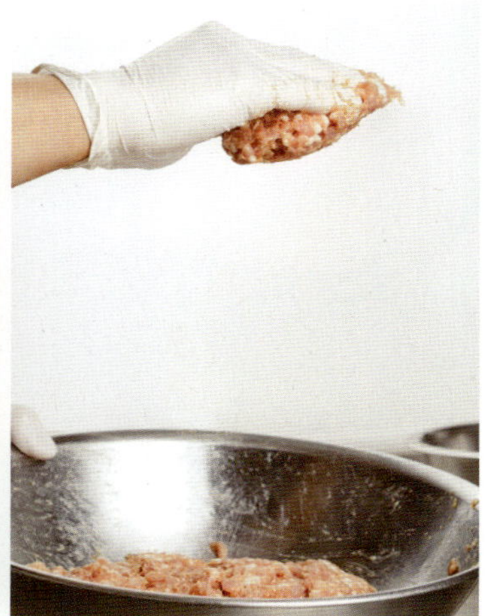

노른자를 혼합한 후 고기가 완벽히 결착된 상태

노른자는 이러한 과정에서 기름이 분리되려는 지점을 잡아 주는 역할을 합니다. 정리하면, 소금으로 결착력을 형성해 반죽을 만들고, 노른자로 이를 안정화해 완성도를 높이는 것이라 볼 수 있습니다.

01

홈메이드 미트볼

여기에서 소개하는 홈메이드 미트볼은 친숙한 메뉴를 통해 고기 요리를 보다 안정적으로 완성하는 방법을 이해하도록 돕는 대표적인 예입니다. 미트볼은 누구나 한 번쯤 만들어 본 음식이지만, 실제로는 고기를 다루는 기본 원리가 가장 잘 드러나는 메뉴이기도 합니다. 이 책에서는 미트볼을 단순한 요리가 아니라, 고기 이론을 이해하기 위한 하나의 기준 메뉴로 다룹니다.

작업의 목적은 미트볼을 잘 만드는 데에만 있지 않습니다. 고기를 치대는 기준과 수분을 더하는 타이밍, 익히는 방식에 대한 이해를 통해 이후 어떤 고기 요리를 하더라도 안정적인 결과를 만들어낼 수 있도록 돕는 데에 있습니다. 미트볼은 이러한 과정을 가장 쉽고 분명하게 보여주는 메뉴이며, 이 책에서는 그 핵심을 현장에서 바로 적용할 수 있도록 정리했습니다.

재료	중량(g)		
쇠고기 다짐육	650	다진 양파	100
소불고기 양념(시판)	65	다진 마늘	10
소금(정저 염)	10	다진 대파	25
달걀	100	다진 셀러리	25
베이킹파우더	3	굵은 흑후추	1
우유	50	습식 빵가루	60
		합계	**1,159**

POINTS

① 미트볼 배합의 기본 원칙

- 미트볼을 만들 때 가장 추천하는 고기와 지방의 비율은 8.5(고기) : 1.5(지방)이다. 이 비율은 육즙과 조직 안정성, 그리고 퍽퍽함을 방지하는 식감을 가장 균형 있게 확보할 수 있는 기본 배합이다.
- 쇠고기의 지방기 충분하지 않은 경우 쇠고기 다짐육 7 : 돼지고기 다짐육 3 비율을 추천한다. 이 조합은 지방 보완과 동시에 식감의 안정성을 확보하는 데 효과적이다.

② 본 배합의 특징

이 배합은 함박스테이크와 미트볼에 모두 적용할 수 있는 안정적인 구성이며, 대량 조리나 냉동 후 재가열에도 품질 저하가 적다.

- 고기 함량: 약 56%
- 달걀, 우유, 습식 빵가루 → 부드러움과 보습력 강화
- 베이킹파우더 → 가열 시 조직 팽창과 퍽퍽함 방지
- 불고기 양념 → 전체적인 간과 감칠맛을 더함

 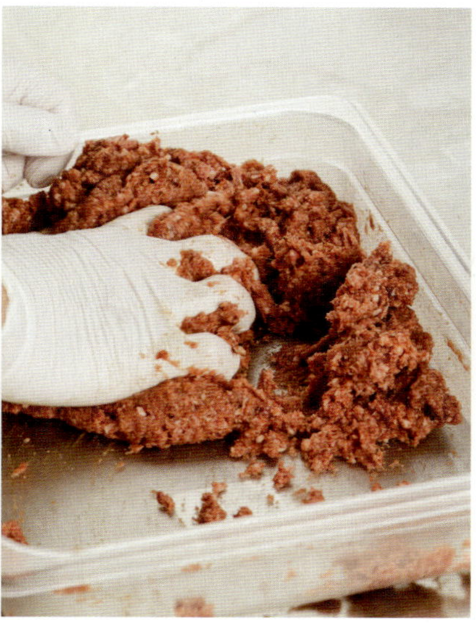 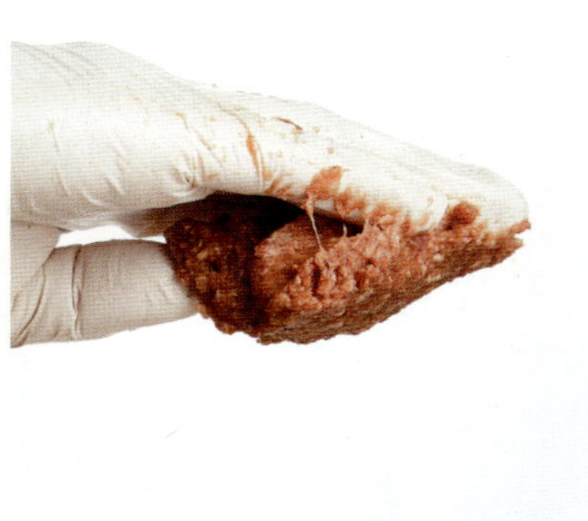

1. 통에 쇠고기 다짐육, 소불고기 양념, 소금, 달걀, 베이킹파우더를 넣고 찰기가
   생길 때까지 충분히 치댄다.

2. 반죽 일부를 손바닥에 붙여 거꾸로
   들었을 때, 반죽이 떨어지지 않을 정도의
   점착력이 형성되었는지 확인한다.
   이는 고기의 찰기와 반죽이 부서지지
   않는 상태를 판단하는 기준이 된다.

   우유를 모두 넣은 뒤에도 반죽은 손바닥에
   서 떨어지지 않을 정도의 결착 상태를 유지
   해야 한다.

3. 우유는 세 번에 나누어 넣으며 치댄다.
   고기에 찰기가 형성되면 익혔을 때
   퍽퍽해질 수 있으므로, 우유를 더해
   이를 보완한다.

   우유를 나눠 넣는 이유는 반죽에 이미 형성
   된 찰기를 유지하면서 수분을 더해도 결착
   력이 무너지지 않도록 하기 위함이다.

4. 다진 채소와 흑후추, 습식 빵가루를 넣고 가볍게 섞는다.

🥔 채소는 수분이 과도하게 빠지지 않도록 다져 사용하는 것이 중요하다.

🥔 이 단계에서는 반죽을 지나치게 치대면 채소에서 수분이 빠지므로, 반죽과 고루 섞일 정도로만 작업한다.

5. 반죽을 50g씩 나눠 공 모양으로 둥글게 성형한다.

6. 식용유를 바른 철판에 성형한 미트볼을 담는다.

7. 180~190℃로 예열된 오븐에 넣고 고기 중심부 온도가 70℃에 도달하도록 13~17분간 색을 확인하며 굽는다.

🥔 굽는 동안 미트볼을 따로 뒤집을 필요는 없다.

“이 레시피는 아질산염을 첨가하지 않은 잠봉 블랑 레시피로, 붉은 빛이 돌지 않고 수육과 유사한 고기색을 띱니다. 일반적인 잠봉 블랑으로 완성하고 싶다면, 피클링솔트(아질산염)를 첨가하면 됩니다.”

아질산염 무첨가

잠봉 블랑

여기에서 소개하는 공정은 가정에서 직접 만들어 보는 잠봉 블랑을 전제로 한 방식입니다. 첨가물을 최소화하고 소금과 설탕, 향신료만을 사용해 고기 본연의 맛과 깨끗한 육향을 온전히 즐기는 것을 목표로 합니다.

고기는 집 근처 정육점에서 구입한 신선한 냉장육이 가장 적합하며, 다양한 온라인 플랫폼을 통해 다음 날 바로 받아볼 수 있는 신선육 역시 충분히 사용할 수 있습니다. 반드시 냉동 고기가 아닌 냉장 상태의 고기를 사용해야 하며, 지방 비율은 약 10~15% 정도가 가장 안정적입니다. 기호에 따라 고기 손질 시 지방 부위를 추가해도 좋습니다.

이 레시피는 아질산염을 첨가하지 않는 방식으로 진행되므로 완성된 고기는 붉은 빛이 돌지 않고 수육과 유사한 자연스러운 색을 띕니다. 첨가물을 사용하지 않은 레시피이므로 조리 후에는 가급적 빠르게 섭취하는 것이 좋으며, 냉장고에 보관하며 2일 이내 섭취하는 것을 권장합니다. 만약 첨가물 사용으로 보다 안정적이고 긴 저장을 원한다면, 본레스 로스트 햄(132p)과 텀블링 잠봉(162p) 레시피를 참고하시기 바랍니다.

재료	중량(g)	배합(%)
돼지고기 뒷다리살	1000	47.7
정숫물	1000	47.7
소금(정제염)	45	2.1
황설탕 또는 흑설탕	30	1.4
아스코르빈산(비타민 C)	1.6	0.08
양파(100%) 분말	4	0.2
마늘(100%) 분말	4	0.2
피클링 스파이스	10	0.5
합계	**2094.6**	100

※ 배합(%)은 총중량 기준이며, 소수점 반올림으로 인해 합계가 100%와 다를 수 있다.

PREPARATION

- 물, 소금, 설탕, 아스코르빈산, 양파 분말, 마늘 분말을 블렌더로 충분히 용해해 염지액을 만든다. 입자형 허브(피클링 스파이스)는 마른 프라이팬에서 중불로 약 1분간 볶아 향을 낸 뒤 만들어 둔 염지액에 함께 담가 둔다.

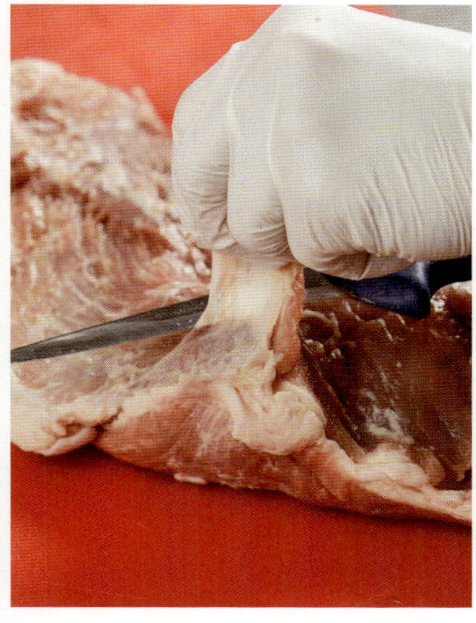 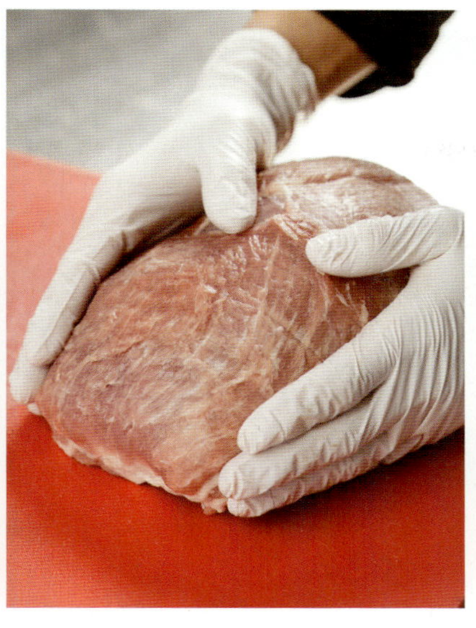 

1. 돼지고기 뒷다리살의 근막과 혈흔을 제거한 후 통에 넣기 좋은 모양으로 정리한다.

🫘 보통 업장에서는 단가가 낮은 뒷다리살을 사용하지만 앞다리살을 사용해도 좋다. 앞다리살은 뒷다리살에 비해 지방 함량이 높아 더 고소한 맛이 난다.

2. 햄 네트망(18 사이즈) 한 쪽을 묶은 후 고기를 넣을 통에 씌운다.

  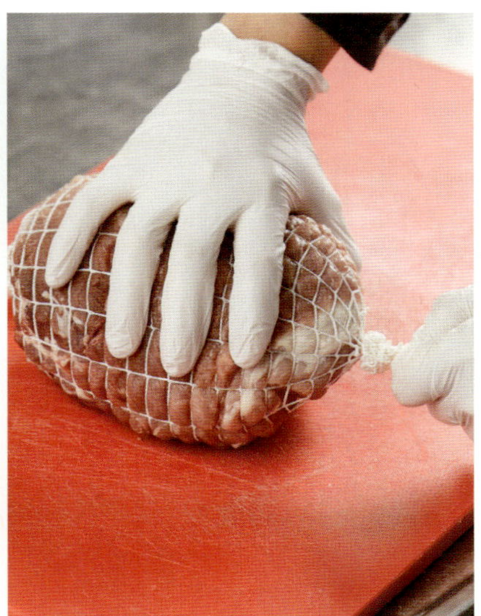

3. 햄 네트망 안에 손질한 고기를 넣고 네트망과 함께 꺼낸다.

4. 고기의 형태가 유지될 수 있도록 타이트하게 매듭을 짓는다.

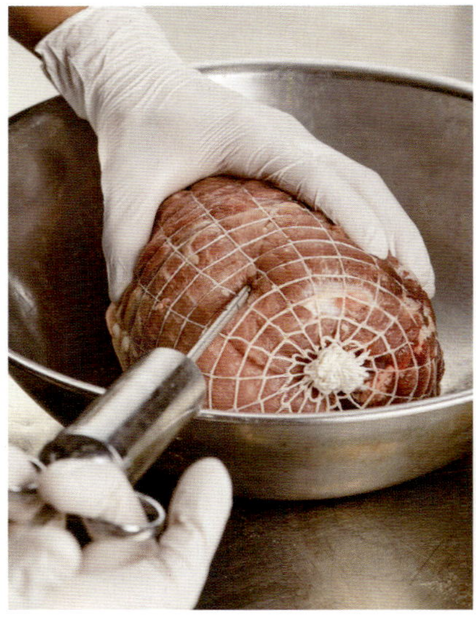

5. 염지 주사기를 이용해 염지액을 주입한다. 이때 염지액은 여러 지점에 나누어 1~2cm 간격으로 촘촘히 주입하여 내부까지 균일하게 전달되도록 한다.

- 이때 입자형 허브(피클링 스파이스)는 주사 바늘의 흡입을 방해 할 수 있으므로 염지액만 주입한다.

- 염지액은 고기와 동일한 중량으로 준비하며, 고기 중량 대비 염지액 40% 이상을 매우 촘촘하고 고르게 모든 부위에 주사한다.

6. 염지액 주입을 마친 고기는 통이나 PE지퍼백(식품용)에 넣고 냉장고에서 2~3일간 염지한다.

- 이때 흘러 나온 염지액과 남은 입자형 허브도 모두 넣는다.

7. 염지가 완료되면 고기를 꺼내 깨끗한 물로 염지액을 씻어 낸다.

8. 고기를 진공 포장하거나 PE지퍼백에 밀봉한 뒤 80℃로 설정한 수비드 수조에 넣어 익힌다. 약 3시간을 기준으로 하되, 고기 중심부 온도가 65~72℃에 도달했는지 반드시 확인한다.

 초보자의 경우 중심부 온도를 제대로 측정하기 어려울 수 있으므로 72℃에 도달했을 때 마무리하는 것이 안전하다.

9. 고기 중심부 온도가 65~72℃에 도달하면 지퍼백이나 진공팩에 옮겨 밀폐한 뒤, 냉장고에 넣고 고기 중심부까지 냉장 온도로 떨어지면 사용한다.

Chef's Note

◇ 이 레시피는 첨가물을 최소화한 방식(무아질산염 레시피)으로 설계되었기 때문에 공기 중 산소와 접촉할 경우 고기 색의 변화가 발생할 수 있다. 이를 완화하기 위한 최소한의 산화 방지 목적으로 비타민 C인 아스코르빈산을 사용한다. 단, 빠르게 섭취하거나 소진할 경우라면 아스코르빈산을 첨가하지 않아도 된다.

◇ 염지 시 고기의 모든 부위에 염지액이 최대한 고르게 투입되도록 해야 한다. 염지액이 고르게 투입된 경우 하루에 약 1cm씩 고기 내부로 침투하여 2~3일 이내에 전체 염지가 완료된다. 반대로 염지액 투입이 고르지 않으면 염지가 내부까지 충분히 전달되지 않아 맛과 조직에 편차가 발생할 수 있다.

◇ 염지액에서 입자형 향신료는 볶을 경우 향이 더욱 살아나지만 필수 공정은 아니며 선택 사항이다. 로즈마리, 타임 등 다른 허브 역시 기호에 따라 추가할 수 있다.

◇ 염 재료 사용은 전체 중량 대비 4.5%를 기준으로 하되, 작업 환경과 취향에 따라 조절할 수 있으며 감칠맛을 더하기 위해 조미용 재료를 소량 추가하는 것도 가능하다.

닭가슴살 건강 소시지

이 메뉴는 맛과 건강적인 측면을 동시에 만족시키는 기술을 이해하기에 적합한 소시지입니다. 닭가슴살을 단순히 돼지나 소를 대체하는 식재료로 제안만 하지 않고, 퍽퍽하지 않고 촉촉한 소시지를 만들기 위한 기초적인 기술 접근까지 함께 다룹니다.

이 메뉴 역시 소시지의 기본 공정을 따릅니다. 소금과의 믹싱을 통해 고기 단백질의 결착력을 끌어내고, 수분을 안정적으로 붙잡는 구조를 만듭니다. 여기에 얼음을 넣어 단순한 수분 보충이 아닌 온도 관리와 수분 유지를 동시에 해결하며, 향신료와 풍미 재료를 더해 닭가슴살 특유의 단조로운 맛을 보완합니다.

이 메뉴를 소시지 형태로 구성한 이유는 소시지가 고기 조직, 수분, 온도, 유화 상태의 결과가 가장 명확하게 드러나기 때문입니다. 반죽의 상태가 적절할 경우 그 차이는 식감으로 즉각적으로 나타나며, 이러한 과정이 충분히 이루어지지 않으면 조직이 쉽게 퍽퍽해집니다. 찰기를 형성하고 촉촉함을 유지하는 원리를 이해하고 연습하는 데 도움이 되는 레시피입니다.

재료	중량(g)	배합(%)
닭가슴살 다짐육	500	48.6
닭다리살 다짐육	350	34
노른자	50	4.9
소금(정제염)	15	1.5
간 얼음	100	9.7

재료	중량(g)	배합(%)
설탕	5	0.5
후추	3	0.3
다진 오레가노	1.5	0.15
다진 세이지	1.5	0.15
다진 로즈마리	1.5	0.15
다진 마조람	1.5	0.15
합계	**1029**	100

※ 배합(%)은 총중량 기준이며, 소수점 반올림으로 인해
　 합계가 100%와 다를 수 있다.

PREPARATION

- 닭가슴살과 닭다리살은 지름 6~8mm 플레이트를 장착한 고기 다짐기로 분쇄한 뒤, 트레이에 고르게 펼치고 냉동고에서 15~30분간 냉각해 온도를 0~1℃로 맞춰 사용한다.

- 사용할 천연 케이싱(양장 또는 돈장)은 미온수에 15분간 담가 염분을 제거한 뒤, 사용 직전까지 물에 담가 두어 유연성을 유지한다. (원료육 3kg 기준, 천연 케이싱 1개가 필요하다.)

- 믹싱볼과 비터는 사용 전 냉장고 또는 냉동고에 두어 충분히 냉각한다.

- 모든 장비는 소독한 뒤 완전히 건조하여 사용한다.

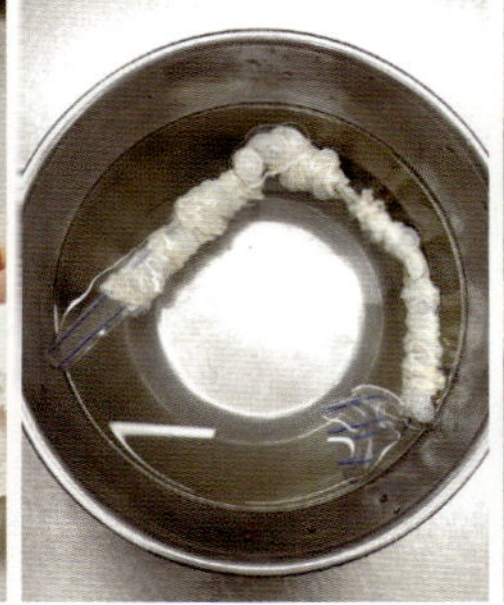

1. 믹싱볼에 닭가슴살 다짐육, 닭다리살 다짐육, 노른자, 소금을 넣고 저속으로 약 1분간 믹싱한다. 이때 반죽 온도는 2℃ 내외로 유지한다.

👌 이 과정을 통해 고기 표면에 점성이 형성된다.

2. 간 얼음을 3~4회에 나누어 투입하며 총 약 3분간 믹싱한다. 이때 반죽 온도는 4~6℃로 유지한다.

👌 반죽을 손으로 집어 들었을 때 쉽게 떨어지지 않을 정도의 결착이 형성되었는지를 확인한다. ◀51p

3. 나머지 재료를 모두 넣고 반죽 온도가 6~8℃가 되도록 저속으로 믹싱한다.

4. 완성된 반죽은 손에 잡힐 만큼 덜어 여러 번 반복해 믹싱볼 안에서 공을 던지듯 내리쳐 내부 공기를 제거한다.

5. 미온수에 불려 둔 천연 케이싱을 정숫물로 헹궈 내부를 세척하고 남아 있는 소금기를 제거한다. `32p`

여기에서는 24/26 사이즈 양장을 사용했다.

충진

링킹

6. 천연 케이싱에 반죽을 60~70% 충진한 후, 손을 이용해 내부 압력을 70~80% 수준으로 높인다. `33p`

7. 12cm 간격으로 링킹한다. `35p`

8. 삶는 동안 링킹한 부분이 풀리지 않도록 묶는다. `36p`

9. 끓지 않는 85℃의 물어서 고기 중심부 온도가 65~72℃에 도달할 때까지 가열한다.

🌭 피클링솔트(아질산염)를 사용하지 않은 소시지이므로, 익힌 후의 색이 일반적인 소시지처럼 붉지 않은 것이 특징이다.

🌭 80℃로 설정한 수비드 기계에서 고기 중심부 온도가 65~72℃가 될 때까지 익혀 완성해도 된다.

10. 가열이 끝나면 곧바로 얼음물에 담가 급속 냉각한 후, 링킹을 끊고 표면의 물기를 제거한 뒤, 냉장 또는 냉동 보관한다.

🌭 이때 얼음물에 담그는 시간은 5분을 넘기지 않는다.

🌭 완성된 소시지는 바로 취식하지 않을 경우 냉장 3일, 냉동 3주간 보관할 수 있다. 냉동한 소시지는 냉장 해동 후 조리한다.

 **Chef's Note**

◇ 기호에 따라 닭다리살의 껍질을 추가할 수 있다.

◇ 모든 작업은 저온에서 진행하며 최종 반죽 온도가 12℃를 넘지 않도록 관리한다.

◇ 소금과 노른자는 반드시 초기 단계에 투입하여 염용성 단백질의 추출을 먼저 진행한다.

◇ 얼음은 한 번에 넣지 않고 나누어 투입하여 반죽 온도의 급격한 상승을 방지한다.

◇ 과도한 고속 믹싱은 조직 파괴와 유수분 분리를 유발할 수 있으므로 저속 위주로 진행한다. 또한 입자형 소시지이므로 고기 입자가 과도하게 갈리지 않도록 주의한다.

◇ 충진 시 공기가 유입되지 않도록 주의하고 과충진을 피한다.

◇ 가열 시 내부 온도를 반드시 확인하여 과조리로 인한 수분 손실을 방지한다.

한돈
브랏부어스트

브랏부어스트(Bratwurst)는 흔히 '그릴 소시지'로 알려져 있지만, 그 이름의 근원은 조리 방식에 있지 않습니다. 브랏부어스트의 '브랏'은 독일어 브레트(Brät)에서 유래한 말로, 고기를 잘게 다져 소금을 더해 찰기를 형성한 고기 반죽을 뜻합니다. 여기에 소시지를 의미하는 부어스트(Wurst)가 결합되어, 브랏부어스트는 곧 '고기 반죽으로 만든 소시지'라는 의미를 지닙니다.

브랏부어스트의 핵심은 삶거나 훈연하거나 숙성하는 공정이 아니라, 고기 자체의 질감과 수분, 지방이 얼마나 안정적으로 결착되어 육즙을 머금고 있는가에 있습니다. 단순해 보이지만, 고기 반죽의 상태가 곧 완성도를 결정짓는 소시지입니다.

이 책에서 소개하는 한돈 브랏부어스트는 복잡한 가공 기술에 의존하지 않습니다. 향신료는 고기의 풍미를 보조하는 역할에 머무르며, 고기 본연의 맛과 질감을 중심에 둡니다. 이를 통해 우리에게 익숙한 한돈만으로도 충분히 고급스럽고 균형 잡힌 브랏부어스트를 완성할 수 있음을 보여 줍니다.

재료	중량(g)	배합(%)
돼지고기 뒷다리살 다짐육	650	64.8
돼지고기 등지방 다짐육	145	14.5
소금(정제염)	12	1.2
노른자	40	4
간 얼음	80	8
우유	70	7
후추	3	0.3
생강 분말	1	0.1
올스파이스	1	0.1
넛맥	1	0.1
합계	**1003**	100

※ 배합(%)든 총중량 기준이며, 소수점 반올림으로 인해 합계가 100%와 다를 수 있다.

PREPARATION

- 돼지고기 뒷다리살 다짐육과 등지방 다짐육은 트레이에 고르거 펼치고, 냉동고에서 15~30분간 냉각해 온도를 0~1℃로 맞춰 사용한다.

- 사용할 천연 케이싱(양장 또는 돈장)은 미온수에 5분간 담가 염분을 제거한 뒤, 사용 직전까지 물에 담가 두어 우연성을 유지한다. (원료육 3kg 기준, 천연 케이싱 1개가 필요하다.)

- 모든 장비는 소독한 뒤 완전히 건조하여 사용한다.

1. 볼에 돼지고기 뒷다리살 다짐육과 등지방 다짐육, 소금, 노른자를 넣고 손으로 치대며 반죽해 찰기를 형성한다.

소금에 의해 고기의 찰기가 형성되는 과정이다.

2. 간 얼음 1/3과 우유 1/3을 넣고 치대가며 반죽 온도를 4℃로 맞춘다.

 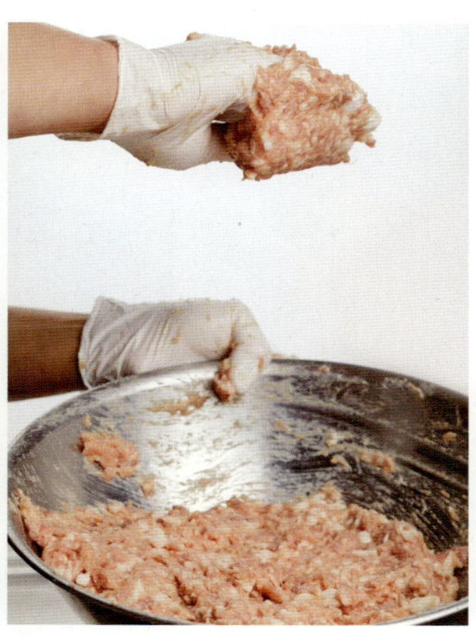 

3. 남은 얼음 1/2과 우유 1/2을 조금씩 넣어가며 치대면서 온도를 4~6℃로 유지한다.

4. 반죽의 찰기가 충분히 형성되면, 손으로 반죽을 떼어 들어 뒤집었을 때 약 10초간 형태를 유지하며 떨어지지 않는 상태가 된다.

5. 반죽에 찰기가 충분히 형성된 상태가 되면 남은 얼음과 우유 전량, 후추, 생강 분말, 올스파이스, 넛맥을 넣고 계속해서 치대며 반죽한다. 이때 최종 반죽 온도는 8℃가 넘지 않도록 주의하며 마무리한다.

반죽 온도가 12℃를 초과하면 지방이 녹아 조리 시 지방과 수분이 분리될 위험이 있다.

6. 미온수에 불려 둔 천연 케이싱을 정숫물로 헹궈 내부를 세척하고 남아 있는 소금기를 제거한다. `32p`

🫘 여기에서는 24/26 사이즈 돈장을 사용했다.

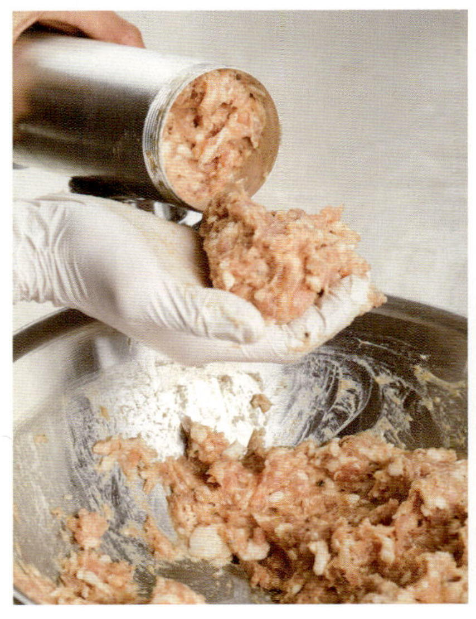  

7. 소시지 충진기에 반죽을 채운다.

🫘 여기에서는 가정용 소형 충진기를 사용했다. 충진기의 크기가 부담스럽다면 주사기 모양의 좀 더 작은 충진기를 사용해도 무방하다.

8. 천연 케이싱을 충진기 노즐에 끼우고 매듭을 짓는다. `33p`

9. 천연 케이싱에 반죽을 60~70% 충진한다. `35p`

10. 손을 이용해 내부 압력을 70~80% 수준으로 높인다.

11. 12cm 간격으로 링킹해 익히지 않은 생소시지로 마무리한다.

완성된 소시지는 바로 조리하거나 냉장 2일, 냉동 2주간 보관할 수 있다. 냉동 보관할 경우 트레이에 비닐을 깔고 소시지가 서로 붙지 않도록 나열해 먼저 냉동한 뒤, 낱개로 분리해 지퍼백에 담아 보관한다. (생고기 소시지이므로 이 작업을 하지 않으면 소시지가 서로 붙어 케이싱이 찢어질 수 있다.) 냉동한 소시지는 냉장 해동 후 조리한다.

◇ 생고기 소시지의 온도 관리와 결착 안정성

생고기 소시지는 익힌 소시지와 달리 고기와 지방과 수분이 아직 결합되는 과정에 있다. 따라서 반죽을 섞는 공정에서 적정 온도에서 벗어나면 다음과 같은 문제가 발생한다.

- 내부 수분이 빠져나간다.
- 지방과 수분이 분리된다.
- 결과적으로 퍽퍽하고 거친 식감이 된다.

  → 이를 방지하기 위해 반죽 중 스패출러로 믹싱볼 바닥을 긁어가며 고르게 섞고, 작업 중 반죽 온도를 수시로 확인한다.

◇ 생고기 소시지 조리 실패 원인

문제	원인
케이싱 파열	센 불, 급격한 온도 상승
퍽퍽한 식감	과도한 가열
육즙 손실	휴지 과정 생략

→ 생고기 소시지는 처음부터 높은 온도에서 굽는 음식이 아니라, 팬에서 중불로 천천히 가열해 내부 온도를 먼저 올려 안정화한 뒤 마지막에 고온으로 겉면에 색을 내어 마무리한다.

◇ 브랏부어스트의 특징

브랏부어스트의 가장 큰 특징은 고기의 식감과 결착된 구조에서 오는 부드럽고 촉촉한 육즙이다. 소금에 의해 추출된 염용성 단백질이 고기와 지방, 수분을 균일하게 결합해 씹었을 때 탱글한 탄력을 유지하면서도 퍽퍽하지 않은 질감을 형성한다.

또한 우유가 첨가되어 촉촉함과 고소한 풍미가 더해져 전체적인 맛의 균형을 맞춰 준다. 후추, 넛맥, 올스파이스, 생강 등의 향신료는 과하지 않게 배합되어 향을 강조하기보다는 고기 본연의 풍미를 자연스럽게 살려준다.

바비큐
폭립

이 레시피는 외국에서 흔히 접하는 특정한 폭립 한 가지를 재현하기 위한 요리가 아닙니다. 폭립은 물론 풀드 포크로도 자연스럽게 이어질 수 있는 하나의 바비큐 방식으로 접근합니다. 고기를 어떤 향으로 덮을 것인가보다, 고기 자체의 결을 어떻게 살리고 그 맛을 어떻게 쌓아 갈 것인가에 초점을 둔 레시피이기 때문입니다.

시중에서 접하는 폭립은 종종 소스의 단맛과 강한 조미 향이 먼저 기억에 남습니다. 그러나 이 레시피는 다른 방향을 선택합니다. 고기에서 자연스럽게 우러나는 육향과 지방의 단맛을 중심에 두고, 여기에 소스가 만들어 내는 산미와 깊이를 더해 맛의 층을 구성합니다. 이를 위해 설탕에 전적으로 의존하지 않고 레드와인과 화이트와인 비네거를 사용합니다. 이 조합은 단맛을 앞세우기보다 맛의 중심을 낮게 잡아 주며, 소스가 고기를 덮는 역할이 아니라 고기 옆에서 완성도를 높여 주는 요소로 작용합니다. 그 결과 소스는 고기의 맛을 가리지 않고, 오히려 그 풍미를 또렷하게 드러냅니다.

이 바비큐 레시피는 미리 조리해 두고 현장에서는 간단히 데워 완성할 수 있도록 구성했습니다. 복잡한 조리보다 사전 준비에 집중해, 잘 굽는 기술이 아니라 함께하는 시간을 더욱 풍성하게 만드는 데 초점을 둡니다.

바비큐 소스

식용유	15g
다진 양파	280g
간 사과	50g
레드와인	10g
화이트와인 비네거	95g
홀 토마토 (롱고바디 캔)	450g
우스터 소스	95g
칠리파우더	3g

향신료

다진 마늘	10g
코리엔더	3g
넛맥	1g
펜넬	4g
칠리파우더	1g
오레가노	2g
큐민	3g
후추	3g
올스파이스	1g

고기 & 연육 재료

돼지고기 등갈비 (백립)	2대 (약 2kg)
사과	100g
배	150g
소금	3g

- 원육은 지방이 적으면서도 살이 부드러운 돼지고기의 등쪽 갈비 부위(백립)를 사용한다.

- 오븐이 없는 경우 에어프라이어로 조리해도 무방하다.

1. 식용유를 두른 냄비에 다진 양파를 넣고 천천히 볶아 수분을 날리며 단맛을 끌어낸다. 양파가 반투명해지고 가장자리에 옅은 색이 돌기 시작하면 간 사과를 넣고 함께 볶는다.

🥔 사과는 단맛을 더하는 동시에 소스의 질감을 부드럽게 만드는 역할을 한다.

2. 레드와인과 화이트 와인 비네거를 넣고 중약불에서 끓이며 알코올과 과한 산미를 날린다.

3. 국물이 거의 없어질 때까지 졸여 양파와 사과에 산미가 충분히 스며들도록 한다.

4. 홀 토마토를 손으로 으깨거나 그대로 넣고, 우스터 소스와 칠리 파우더를 함께 넣는다. 불을 약불로 낮춘 뒤 뚜껑을 살짝 열고 천천히 끓인다.

🥔 이 바비큐 소스는 각종 샌드위치, 풀드 포크, 로스트 미트의 소스로도 잘 어울린다.

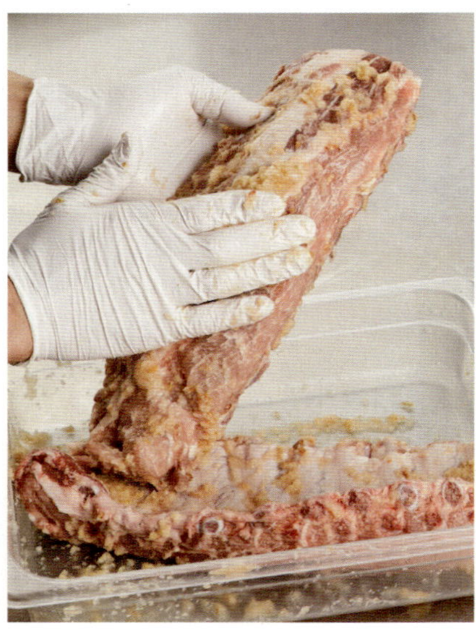

5. 배와 사과를 갈아 돼지고기 등갈비(백립) 전면에 고르게 바른 뒤 2~4시간 냉장 보관한다.

    파인애플과 키위는 단백질 분해력이 강해 고기가 과도하게 물러질 수 있으므로 소량만 사용하거나 배제한다. 특히 통조림 파인애플은 사용하지 않는다.

    연육 시간은 냉장고에서 2~4시간을 기준으로 하며 최대 6시간을 넘기지 않는다. (단, 냉동 고기일 경우 연육 시간을 12시간으로 한다.) 연육이 끝난 후에는 키친타월을 이용해 연육을 위해 사용했던 재료들을 닦아낸다. 만약 과일 향을 더 강조하고 싶을 경우에는 표면을 닦아내지 않고 그대로 사용해도 된다.

6. 드라이 럽(향신료 재료를 섞은 것)을 손으로 집어 폭립 표면에 분사하듯 고르게 도포한다. 이후 손바닥으로 톡톡 눌러 표면에 밀착시키며, 뼈 사이와 측면까지 빠짐없이 작업한다.

7. 랩을 씌우지 않은 상태로 냉장고에 30분~1시간 정도 그대로 둔다.

    고기 표면에 향신료를 안정적으로 고정시키고, 가열 과정에서 풍미를 형성하기 위한 과정이다.

8. 오븐용 트레이에 폭립을 올린 뒤 팬 전체를 호일로 밀봉하여 150℃로 예열된 오븐에 넣고 1시간 30분~2시간 정도 가열한다.

🍳 오븐 성능에 따라 색이 짙어질 수 있으므로 30분 간격으로 확인하며 굽는다. 만약 색이 지나치게 빠르게 짙어질 경우 120℃로 낮춰 고기를 부드럽게 익힌다.

🍳 1차 가열이 끝난 뒤에는 상태를 반드시 확인한다. 뼈 끝이 살짝 드러나 있으며, 집게로 들어 올렸을 때 고기가 쉽게 찢어지는 상태가 기준이다.

9. 폭립의 앞뒷면에 바비큐 소스를 얇게 바른 후, 190~200℃로 예열된 오븐에 넣고 10~15분간 가열한다. 이 과정에서 4~5회 정도 폭립을 뒤집으며 추가로 소스를 바른다.

🍳 고기 한 덩이당 바비큐 소스 사용량은 200~300g을 기준으로 한다.

🍳 2차 가열 후 내부 온도의 적정 범위는 80~88℃이다.

10. 조리가 완료되면 실온에서 30분~1시간 정도 랩 또는 커버를 덮어 표면이 마르지 않도록 그대로 둔다. 캠핑용으로 준비하는 경우 진공 포장해 냉장 보관한다.

미트볼

파스타

이 요리에서 양념은 강한 개성을 드러내지 않습니다. 대신 고기의 중심을 안정적으로 잡아 주는 역할을 합니다. 여기에서 소개하는 미트볼은 썹는 순간 육즙이 터지는 구조가 아니라, 고기 자체가 수분을 머금은 채 천천히 풀어지는 질감을 지닙니다.

한 번 익혀진 미트볼을 토마토 소스 안에서 다시 끓여내는 과정에서 양념의 단맛은 소스와 자연스럽게 어우러지고, 토마토의 산미는 고기를 부드럽게 감싸 줍니다. 이때 미트볼과 소스는 하나의 맛으로 섞이기보다는, 각자의 역할을 유지한 채 서로를 보완합니다.

그래서 이 미트볼 파스타는 격식을 갖춘 손님상보다는, 가족이 함께 모이는 식탁에 더 잘 어울립니다. 특별한 설명 없이도 남녀노소 모두가 자연스럽게 받아들일 수 있는 맛이기 때문입니다.

토마토 소스

올리브오일	적당량
양파	62g
다진 마늘	2g
홀 토마토(롱고바디 캔)	400g
월계수잎	1장
소금	2g
설탕	4g
방울토마토	25g

1. 올리브오일을 두른 팬에 깍둑 썬 양파를 넣고 약불에서 천천히 볶아 투명해질 때까지 익힌다.

🌮 이때 색이 나지 않도록 불 조절에 주의한다.

2. 다진 마늘을 넣고 볶아 향을 낸다.

🌮 마늘이 타지 않도록 계속 저어 가며 볶는다.

3. 홀 토마토와 월계수잎을 넣고 전체 양의 약 70% 정도까지 졸인다.

🌮 수분을 날려 토마토의 산미와 감칠맛을 응축시키는 단계이다.

4. 소금과 설탕으로 간을 맞춘다.

🌮 설탕은 처음부터 전량을 넣지 않고, 맛을 보며 조금씩 추가해 산미를 조절한다.

5. 충분히 끓인 뒤 마지막에 방울토마토를 넣고 핸드 블렌더로 갈아 신선함을 살린다.

🌮 취향에 따라 완전히 곱게 갈거나, 입자를 약간 남겨 식감을 살려도 무방하다.

파스타 삶기

물	2L
소금	20g
스파게티 건면	180~210g

1. 냄비에 물과 소금을 넣고, 물이 강하게 끓으면 면을 넣고 삶는다.

물은 면 중량의 최소 8배 이상을 사용한다. 3인분 기준 건면 180~210g을 사용할 경우 물은 2L 이상이 적당하다. 소금은 물 대비 1% 농도로 넣으며, 물 2L 기준 소금 20g을 사용한다.

제조사 권장 시간보다 1분 짧게 삶아 알덴테 상태로 준비한다.

2. 알덴테 상태로 삶아진 면을 건져 낸다.

삶은 면은 물에 헹구지 않으며, 면수는 버리지 않고 일부를 남겨 둔다.

3. 만약 바로 사용하지 않는다면, 면이 불거나 서로 붙는 것을 방지하기 위해 소량의 올리브오일에 버무린다. 이후 상온에서 3~5분간 둔 뒤, 선풍기나 저온의 공간에서 단시간에 열기를 식힌다.

마무리

미트볼(56p)　　　　12~15개

1. 미트볼은 팬에서 초벌로 가열한 뒤, 토마토 소스 약 300g을 담은 팬에 넣고 충분히 끓여 속까지 촉촉하게 만들어 잠시 꺼내 따로 둔다.

2. 삶아 둔 면을 **1**에 넣고 중불에서 익히며 버무린다.

🌮 처음부터 강하게 뒤집지 말고, 팬을 흔들어 면에 소스를 입히듯이 섞는다.

🌮 만약 소스가 부족해 보일 경우 남겨 둔 면수 또는 채소 육수를 소량씩 추가한다. 이때 면수는 한 번에 많이 넣지 않고, 간을 보며 소량씩 나누어 넣어 농도를 맞춘다. 간이 이미 적당한 경우에는 채수 또는 닭 육수를 사용하며, 면과 소스가 유화되어 자연스럽게 코팅되면 불을 끈다.

3. 미트볼을 다시 팬에 넣어 면과 함께 온도를 맞춰 마무리한다.

잠봉 블랑 & 에멘탈 치즈

오븐
샌드위치

프랑스에서는 아침마다 바게트에 버터를 바르고 잠봉을 올린 샌드위치를 즐겨 먹습니다. 다른 재료를 더하지 않아도 이미 완성된 맛을 가지고 있기 때문입니다.

한국에서도 이 잠봉 뵈르 샌드위치는 익숙한 메뉴이지만, 조금 더 따뜻한 온도와 또렷한 풍미, 넉넉히 올린 햄, 그리고 한입 베어 물었을 때 느껴지는 신선한 변화가 있는 샌드위치를 더 선호하는 것 같습니다.

그래서 여기에서 소개하는 샌드위치는 먼저 오븐에서 버터와 에멘탈 치즈를 천천히 녹여 빵 사이에 고소함과 온기가 먼저 자리 잡게 한 다음, 그 위에 익히지 않은 루꼴라 한 줌을 올립니다. 따뜻한 치즈에 닿는 순간, 루꼴라의 쌉싸름한 향과 신선한 식감이 살아나며 전체 맛의 흐름을 가볍게 정리해 줍니다.

이 샌드위치는 차갑게 먹는 샌드위치가 아니라, 따뜻함 위에 신선함을 더한 샌드위치입니다. 첨가제를 사용하지 않고 만든 잠봉 블랑을 사용해, 집에서도 부담 없이 즐길 수 있는 한 끼로 완성했습니다.

HOW TO MAKE (1개 분량)

INGREDIENTS

바게트	1/2개
홀그레인 머스터드	4g
버터	적당량
잠봉 블랑(63p)	40g
에멘탈 치즈	20g
루꼴라	한 줌
그라나 파다노 치즈	2g

1. 바게트를 슬라이스한다.

2. 바게트 아래가 되는 부분의 안쪽에는 홀그레인 머스터드를 고르게 바르고,
   위가 되는 부분의 안쪽에는 버터를 얇게 바른다.

   - 홀그레인 머스터드 대신 머스터드 소스(103p)를 사용해도 잘 어울린다.
   - 버터는 코팅하듯 얇게 바른다. 과하면 느끼해지고 잠봉의 향도 가린다.

3. 홀그레인 머스터드를 바른 바게트에 잠봉 블랑을 볼륨감 있게 접어 올린다.

   - 평평하게 올리지 않고 풍성해 보이게 올리는 것이 포인트다.

4. 그 위에 에멘탈 치즈를 고르게 뿌린다.

5. 180℃로 예열한 오븐에서 약 3분간 굽는다.

   - 치즈가 완전히 녹아 흐르지 않고, 살짝 데워지는 정도가 적당하다. (이 때가 에멘탈
     치즈의 향이 가장 좋다.)
     빵은 마르지 않고 겉면만 바삭한 상태를 유지한다.

6. 루꼴라를 듬뿍 올린다.

   - 루꼴라는 굽지 않는다. 따뜻함과 신선함의 온도 대비가 이 샌드위치의 핵심이다.

7. 그라나 파다노 치즈를 뿌린 후 빵을 덮어 바로 제공한다.

영국식 브렉퍼스트

닭가슴살 부어스트

영국식 전통 브렉퍼스트는 소시지, 달걀, 콩, 빵, 구운 채소로 구성된 단백질과 열량 중심의 아침 식사입니다. 하루의 노동을 시작하기 전, 에너지를 빠르게 채우기 위해 먹던 식사였습니다.

하지만 이러한 구성은 오늘날의 생활 리듬에서는 종종 무겁게 느껴집니다. 특히 지방 함량이 높은 돼지고기 소시지는 아침 식사로 부담이 될 수 있습니다. 이 메뉴는 바로 그 지점에서 출발했습니다. 전통적인 구성은 유지하되, 주가 되는 단백질을 닭가슴살로 바꾸었습니다.

달걀은 소시지의 담백함을 보완하는 역할로 남기고, 토마토와 버섯은 구워 수분을 줄여 접시 전체의 무게감을 낮췄습니다. 여기에 병아리콩과 레몬 드레싱을 곁들인 샐러드를 더해 상큼한 균형을 맞췄습니다.

이렇게 완성한 브렉퍼스트는 기존 영국식 브렉퍼스트보다 지방은 줄이고 단백질의 질은 높인 구성입니다. 무거운 브런치가 아니라, 하루를 시작하기에 적당한 아침 식사입니다.

구운 토마토

토마토	250g
마늘	18g
올리브오일	40g
타임	1g
오레가노	0.5g

1.　토마토는 반으로 자르고 단면이 위로 향하도록 올린 후 슬라이스한 마늘, 올리브오일, 타임과 오레가노를 고르게 뿌린다.

2.　190℃로 예열한 오븐에서 8분간 굽는다.

　토마토 껍질이 살짝 들릴 정도까지만 익힌 뒤 꺼내 식힌다.

감자

껍질을 제거한 감자	400g
물	1200g
소금(삶기용)	12g
올리브오일	24g
다진 쪽파	4g
소금	0.8g
후추	0.4g

1.　감자는 깨끗이 씻어 껍질을 제거한 후, 먹기 좋은 크기로 잘라 1% 농도의 소금물에서 익힌다.

2.　감자가 완전히 익으면 체에 내려 물기를 제거하고, 뜨거운 상태에서 올리브오일과 다진 쪽파, 소금, 후추를 넣어 가볍게 버무린다.

양송이버섯

올리브오일A	6g
양송이버섯	240g
올리브오일B	10g
발사믹 비네거	6g
소금	1.2g
후추	0.4g

1. 올리브오일A를 두른 팬을 강불로 예열한 후 반으로 자른 양송이버섯을 넣고 수분을 날리듯 볶는다.

🌮 올리브오일 대신 마늘 콩피 오일(178p)을 사용하면 풍미가 더 좋다.

2. 양송이버섯이 절반 정도 익었을 때 올리브오일B를 추가해 버무리듯 볶는다.

3. 불을 끄기 직전 발사믹 비네거를 넣고 잔열로 향만 날린 후, 소금과 후추로 간을 맞춘다.

레몬 드레싱◆

레몬즙	24g
꿀	6g
디종 머스터드	3g
소금	1.8g
후추	0.4g
올리브오일	48g

1. 볼에 레몬즙, 꿀, 디종 머스터드, 소금, 후추를 넣고 섞는다.

2. 올리브오일을 천천히 넣으며 섞어 유화시킨다.

병아리콩 샐러드

믹스 샐러드	60g
삶은 병아리콩	120g
레몬 드레싱◆	30g

1. 볼에 믹스 샐러드와 삶은 병아리콩을 넣고 고르게 섞는다.

   병아리콩은 완전히 삶아 체에 내려 식힌 후 사용한다. (통조림 병아리콩을 물기만 제거해 사용해도 된다.)

2. 먹기 직전 레몬 드레싱을 넣고 가볍게 버무린다.

달걀 프라이

올리브오일	적당량
달걀	2개
소금	적당량
후추	적당량

1. 프라이팬을 약불에서 예열한 뒤 올리브오일을 두르고 달걀을 올린다.
   약불을 유지하며 천천히 익혀 노른자는 익지 않고 흰자만 부드럽게 응고되도록 조리한다.

   올리브오일을 노른자 아래까지 잠길 정도로 충분히 사용하는 것이 중요하다.

   달걀 가장자리가 과하게 튀겨지거나 갈색으로 변하지 않도록 올리브오일의 온도를 관리한다.

2. 조리가 완료되면 뒤집개로 달걀을 조심스럽게 건져 올린다. 팬 가장자리에서 한 번 기름을 빼 준 뒤 접시에 옮겨 담는다.

   이 방식으로 조리한 달걀은 튀김처럼 무겁지 않으면서도 노른자의 부드러움을 유지할 수 있어, 담백한 닭가슴살 소시지와 균형을 이루는 브렉퍼스트 구성에 적합하다.

마무리

닭가슴살 건강 소시지 (69p)	3~4개
식용유	적당량

1. 식용유를 두른 팬을 중강불로 예열한 후 소시지를 넣고 천천히 굴리며 고르게 굽는다.

2. 소시지 겉면을 노릇하게 굽고 속까지 충분히 익힌다.

3. 접시에 플레이팅해 마무리한다.

한돈 브랏부어스트와

사우어크라우트 핫도그

사우어크라우트는 독일에서 오래전부터 먹어 온 발효 음식으로, 양배추를 소금에 절여 천천히 숙성시키는 방식으로 만들어집니다. 시간이 지나며 산미가 형성되는 이 과정은, 우리가 김치를 담그며 발효를 기다리는 모습과도 닮아 있습니다.

독일에서는 이 사우어크라우트를 훈연하지 않은 담백한 소시지, 브랏부어스트와 함께 즐겨 먹습니다. 브랏부어스트는 자극적인 향보다는 고기 본연의 맛과 부드러운 식감을 중시하는 소시지로, 사우어크라우트의 산미와 만나야 비로소 균형이 완성됩니다.

독일에서는 브랏부어스트를 케첩에 찍어 먹기보다, 머스터드를 중심으로 한 간단한 소스와 함께 즐깁니다. 자극적인 단맛으로 고기를 덮기보다는, 머스터드의 산미와 향으로 전체 맛을 정리하는 방식입니다. 이 소스는 앞에 나서기보다는, 고기와 사우어크라우트의 맛을 하나로 묶어 주는 배경 같은 역할을 합니다.

이 전통적인 조합을 우리가 가장 익숙하게 즐기는 형태인 핫도그로 풀어냈습니다. 브랏부어스트를 천천히 익혀 빵에 담고, 직접 담근 사우어크라우트와 머스터드 소스를 더해 독일의 식문화가 한국의 일상 속으로 자연스럽게 이어지도록 구성했습니다.

사우어크라우트◆

양배추	1통
	(약 1.2~1.5kg)
소금	24~30g
	(양배추 중량 대비 2%)
캐러웨이시드(선택)	1~2g
통후추(선택)	약간

* 소량 제조가 어려워 넉넉하게 잡은 배합이다.

1. 양배추는 심을 제거한 뒤 채 썬다.

2. 볼에 채 썬 양배추와 소금을 넣고 손으로 힘을 주어 오랫동안 주물러 수분이 충분히 나올 때까지 작업한다.

🌮 반죽기가 있다면 모든 재료를 한 번에 넣고 수분이 충분히 나오도록 믹싱하면 보다 쉽게 작업할 수 있다. 단, 이 경우에도 마무리는 손으로 해 양배추의 물기가 충분히 나오도록 한다.

3. 캐러웨이시드와 통후추를 넣고 가볍게 섞는다.

4. 양배추를 꼭 짜 밀폐 용기에 빈틈없이 꾹꾹 눌러 담은 후, 남은 국물을 부어 양배추가 잠기게 한다.

5. 실온(18~22℃)에서 2~3일간 발효한 후, 은은한 산미가 올라오면 냉장 보관한다.

6. 용기에 담고 표면을 랩으로 밀착시킨 후 냉장고에서 하루 이상 숙성시킨다. 섭취 시 먹을 만큼 덜어 손으로 물기를 꼭 짠다.

🌮 만약 산미가 지나치게 강해졌다면 올리브오일에 볶아 사용해도 좋다.

머스터드 소스◆

마요네즈	50g
디종 머스터드	8g
사워크림 또는 플레인 요거트	10g
다진 피클	5g
다진 파슬리 또는 차이브	2g
레몬즙 또는 화이트와인 비네거	2g
후추	약간

1. 볼에 마요네즈, 디종 머스터드, 사워크림을 넣어 부드럽게 섞은 뒤 다진 피클과 파슬리를 넣고 섞는다.

2. 레몬즙 또는 비네거로 산미를 조절하고 후추로 마무리한다.

3. 냉장고에서 30분 이상 휴지해 사용한다.

마무리

소프트 바게트	1/2개
버터	적당량
머스터드 소스◆	적당량
식용유	적당량
한돈 브랏부어스트 (75p)	1개
사우어크라우트◆	적당량

* 바게트 대신 핫도그 번을 사용해도 잘 어울린다.

1. 슬라이스한 소프트 바게트 안쪽 면에 버터를 아주 얇게 바르고 팬에 올려 살짝 굽는다.

2. 빵 안쪽 면에 머스터드 소스를 얇게 펴 바른다.

3. 팬에 식용유를 넉넉히 두르고 브랏부어스트를 넣고 저온에서 내부를 먼저 익힌다. 이후 식용유 절반을 덜어내고, 겉면만 강하게 색을 낸다.

4. 소시지를 빵 중앙에 올린 후 사우어크라우트를 소시지 위아래 중앙에 길게 얹듯이 올린다.

5. 사우어크라우트 위에 머스터드 소스를 소량 바른 후 빵을 덮어 마무리한다.

감자 샐러드와

캠핑 바비큐

이 폭립은 현장에서 처음부터 공을 들여 조리하는 방식이 아닙니다. 파티나 여행을 위해 미리 준비해 두고, 현장에서는 바비큐의 분위기만 완성하는 조리 방식입니다. 집에서 충분한 시간을 들여 부드럽게 익히고, 현장에서는 바비큐를 따뜻하게 데워 불과 연기의 향만 더해 간편하게 조리할 수 있는 편리한 공정입니다.

불 앞에서 오래 서 있을 필요도, 고기의 상태를 계속 확인할 필요도 없습니다. 그릴 위에 올려 짧게 색을 내고, 열과 연기가 남긴 향만 더해지면 폭립은 완성됩니다. 함께 곁들이는 감자 샐러드는 폭립의 진한 풍미를 부드럽게 받쳐 주며, 한 접시의 균형을 완성합니다.

감자 샐러드

레드와인 비네거	38g
홀그레인 머스터드	25g
디종 머스터드	15g
꿀	15g
적양파	80g
삶은 알감자	1kg
소금	적당량
후추	적당량
쪽파	적당량

1.　볼에 레드와인 비네거, 홀그레인 머스터드, 디종 머스터드, 꿀을 넣고 섞는다.

2.　작게 깍둑 썬 적양파를 넣고 섞는다.

🌮　적양파는 작게 깍둑 썰고 찬물에 씻어 매운맛을 날린 후 물기를 제거해 사용한다.

3.　삶은 알감자를 넣고 버무린다.

🌮　알감자는 먹기 좋은 크기로 썬 뒤 끓는 물에 넣어 삶는다. 젓가락이 들어가지만 중심에
　약간의 저항감이 느껴지는 상태로 마무리한 후 식혀 사용한다.

4.　소금과 후추로 간을 맞춘 후 다진 쪽파를 더해 마무리한다.

마무리

진공 포장 상태의 바비큐 폭립(83p)	2대

1. 냄비에 물을 끓인 뒤 불을 끄고, 약 80℃의 물에서 진공 포장한 폭립을 10~15분간 중탕한다. 중탕이 끝난 폭립은 포장을 제거한 뒤 중불로 예열한 그릴에서 앞뒤로 뒤집으며 5~7분간 구워 겉면에 색과 향을 입힌다.

2. 필요할 경우 진공 팩 안에 남은 소스를 아주 얇게 한 번만 바른다. 폭립 내부 온도가 75~85℃에 도달하면 불에서 내린다.

🌮 폭립은 뼈 2대가 붙어 있는 단위로 잘라 접시에 담고, 한쪽에 감자 샐러드를 곁들인다. 바비큐와 잘 어울리는 채소를 구워 함께 곁들이면 더욱 풍성한 한 접시가 된다.

이 바비큐 레시피는 미리 조리해 두고, 캠핑장이나 바비큐 현장에서는 간단히 데우기만 해도 완성할 수 있도톡 구성했습니다. 복잡한 조리를 현장에서 반복하기보다, 사전에 충분히 준비해 둔 고기를 편안한 분위기 속에서 나누는 데에 초점을 둡니다.

이 폭립은 잘 굽는 기술을 드러내기 위한 요리가 아니라, 함께하는 시간을 더욱 풍성하게 만들어 즈는 바비큐입니다.

샤퀴테리 플레터 페어링

선물로 받은 샤퀴테리는 종종 냉장고 안에 그대로 남아 있게 됩니다. 어떻게 먹어야 할지, 어떤 접시에 담아야 할지 고민하다가 특별한 날을 기다리며 그대로 방치해 두는 경우도 많습니다.

이 책에서는 누구나 집에서 선물 받은 샤퀴테리를 활용해 부담 없이 플레터를 완성할 수 있도록 안내합니다. 이어지는 전문 과정에서는, 직접 만든 수제 햄과 소시지를 하나의 접시로 구성할 수 있도록 재료 선택의 기준과 조합의 흐름, 플레이팅의 방향까지 단계적으로 다룹니다.

여기에서는 우선 초리조, 살라미, 프로슈토, 론자 햄, 코파 햄과 함께 들어 있던 치즈를 중심으로, 다양한 건과일과 견과류, 간단한 스낵을 더해 조합하는 기본적인 방식을 소개합니다. 복잡한 기술보다, 재료를 바라보는 순서와 접시 위에서의 균형에 집중합니다.

언젠가는 누군가에게 받은 샤퀴테리를 조심스럽게 꺼내 담는 사람이 아니라, 여러분이 직접 만든 샤퀴테리를 자신 있게 한 접시로 완성하는 사람이 될 것입니다. 이 플레터는 그 시작을 위한 연습이자, 가장 현실적인 첫걸음입니다.

샤퀴테리 플레터의 기본 개념

샤퀴테리 플러터는 각각의 샤퀴테리와 치즈가 가진 질감과 색감, 향이 자연스럽게 드러나도록 여백을 남기는 것이 핵심입니다. 플레터를 구성할 때의 기본적인 비율은 다음을 참고하면 좋습니다.

- 샤퀴테리 약 1/2
- 치즈 약 1/4
- 과일과 견과류 약 1/4

→ 이 비율을 기준으로 구성하면 재료가 서로의 맛을 덮지 않고, 접시 전체의 균형이 자연스럽습니다.

코파를 담는 방법과 어울리는 조합

코파는 돼지 목살 부위로 만들어져 근육 결이 분명하고 향이 깊은 샤퀴테리입니다. 슬라이스를 겹쳐 원형으로 배열하면 접시 위에서 안정감 있고 정갈한 인상을 줍니다.
중심에서 바깥으로 살짝 겹치듯 담으면 고기의 결과 지방 마블링이 자연스럽게 드러나며, 코파 특유의 질감이 시각적으로도 잘 표현됩니다.
코파와 잘 어울리는 재료는 다음과 같습니다.

- 사과, 배
- 그뤼에르 치즈
- 호두, 헤이즐넛

→ 이 조합은 코파의 깊은 풍미를 해치지 않으면서, 식감과 향의 대비를 더해 플레터 전체의 균형을 잡아 줍니다.

초리조, 살라미를 담는 방법과 어울리는 조합

초리조와 살라미는 살코기와 지방의 대비가 분명한 발효 소시지입니다. 일렬로 정렬하기보다는 자연스럽게 포개어 리듬감을 주는 것이 좋습니다.

슬라이스한 초리조나 살라미를 세 장에서 네 장씩 겹쳐 눕히거나, 반으로 접어 입체감을 살려 담으면 접시 위에서 안정적인 구성을 만들 수 있습니다.

초리조와 살라미와 어울리는 재료는 다음과 같습니다.

- 청포도, 적포도
- 에멘탈 치즈, 체다 치즈
- 피칸, 피스타치오

→ 이 조합은 발효 소시지의 짙은 풍미를 강조하면서도, 과일의 산미와 견과류의 고소함으로 플레터의 흐름을 가볍게 만들어 줍니다.

과일 선택의 기준

과일은 단순한 장식이 아니라, 햄과 치즈가 가진 지방감을 정리해 주는 역할을 합니다. 플레터에서 과일은 맛의 흐름을 가볍게 하고, 다음 재료로 자연스럽게 이어지도록 돕는 요소입니다.

플레터에 활용하기 좋은 과일은 다음과 같습니다.

- 청포도, 적포도
- 사과, 배
- 무화과, 말린 살구
- 멜론, 딸기

→ 과일은 한 가지에 집중하기보다, 산미와 수분감이 다른 재료를 함께 사용하면 플레터 전체의 균형이 더욱 또렷해집니다.

PART 4

아티장 샤퀴테리

장인의 기술과 과학

이 파트에서는 아티장 샤퀴테리의 기술과 철학을 다룹니다. 아티장 샤퀴테리는 대량 생산을 전제로 한 공정이 아니라, 작은 매장에서 셰프의 손끝 감각을 통해 완성되는 샤퀴테리를 의미합니다.

기술적인 숙련도 역시 중요하지만, 그보다 우선되는 것은 재료의 본질을 이해하고 존중하는 태도입니다. 기계의 정밀함보다 손끝의 감각으로 고기의 상태를 읽고, 그에 맞춰 공정을 조율하는 것이 아티장 샤퀴테리의 핵심입니다.

아티장 샤퀴테리 과정에서는 장비나 기계에 의존하기보다 감각과 정성을 중시합니다. 이를 통해 작은 공간에서도 자신만의 샤퀴테리를 만들어낼 수 있으며, 재료를 직접 느끼는 손끝의 경험을 바탕으로 보다 완성도 높은 맛을 구현할 수 있습니다.

햄·소시지 제조에서
염의 이해와 사용 기준

❶ 햄과 소시지, 소금의 역사적 의미

소금은 인류가 사용해 온 가장 오래된 식품 가공 재료 중 하나입니다. 육가공의 역사는 고기를 소금에 절여 저장하는 염장법에서부터 시작되었습니다. 이는 단순한 조리 기술이 아니라, 고기를 안전하게 보존하기 위한 생존의 기술이었습니다.

라틴어로 소시지를 뜻하는 Salsiccia는 '소금에 절이다'라는 의미의 Salsicius에서 유래되었습니다. 이 어원은 소시지라는 음식이 처음부터 염지(salting)를 중심으로 발전해 왔음을 분명히 보여 줍니다. 따라서 햄과 소시지를 이해한다는 것은 단순히 레시피를 익히는 일이 아니라, 소금을 어떻게 사용해 왔고 지금 어떤 기준으로 설계해야 하는지를 이해하는 일입니다.

❷ 햄·소시지에서 염의 본질적 역할

햄과 소시지 제조에서 소금은 단순한 조미료가 아닙니다. 소금은 맛을 내는 재료이면서 동시에 제품의 구조, 수분 상태, 저장성, 미생물 안정성까지 결정하는 재료입니다.

햄과 소시지 제조에서 소금은 다음과 같은 기능을 동시에 수행합니다.

- 고기 고유의 풍미를 또렷하게 만들고 향신료의 방향을 정리합니다.
- 염용성 육단백질을 추출해 고기의 형태를 유지하는 결착 구조를 형성합니다.
- 단백질의 보수력을 높여 육즙 손실을 억제합니다.
- 수분활성도를 낮춰 저장성과 미생물 안전성을 확보합니다.

→ 이 네 가지 기능은 서로 분리되어 작동하지 않으며, 어느 하나라도 무너지면 햄과 소시지의 완성도는 급격히 떨어집니다.

❸ 햄·소시지에서의 염 사용량 기준

수제 햄과 소시지에서는 일반적으로 1.3~1.7% 수준의 소금이 사용됩니다. 이 범위는 단순히 짠맛의 강도를 조절하는 구간이 아니라, 풍미, 결착력, 보수력, 그리고 전반적인 완성도가 가장 균형을 이루는 구간입니다.

소금 함량이 1.2% 이하로 내려가면 제품의 맛이 밋밋해지고 육향이 약해지며, 단백질 결착이 불안정해져 조직력이 떨어집니다. 반대로 1.8%를 초과할 경우 기술적으로는 문제가 없을 수 있으나, 관능적으로 짠맛이 과도하게 느껴져 거부감을 유발합니다.

한편 발효 건조 숙성 단계를 거치는 샤퀴테리는 수분을 제거해 장기 저장을 목적으로 하기 때문에, 일반적으로 2% 이상의 높은 염도를 사용하는 것이 적절합니다.

소금 함량	관능적·기술적 특성
1.2% 미만	맛이 밋밋, 육향 약화, 조직 불안정
1.5~1.7%	풍미·결착·보수력의 균형 구간
1.8% 이상	짠맛 과다, 관능적 거부감 발생

❹ 결론

소금은 햄과 소시지에서 맛을 만드는 재료이자, 구조를 형성하고 수분과 미생물을 통제하며 저장성과 풍미의 방향을 결정하는 핵심 기술 요소입니다. 햄과 소시지를 제대로 이해한다는 것은 소금을 얼마나 넣었는지를 따지는 일이 아니라, 소금을 어떻게 설계했는지를 이해하는 일입니다.

2

아질산염에 대한 올바른 이해

— 아질산염은 발암물질인가, 식품 안전을 지키는 기술인가?

❶ WHO 발표와 육가공품 논란의 출발점

세계보건기구(WHO)는 가공육과 발암 가능성에 관한 발표를 통해 전 세계적으로 큰 논란을 불러일으켰습니다. 이 발표 이후 국내에서도 학교 급식에서 일부 육가공품이 제외되고, 소비가 급감하는 현상이 나타났습니다.

이 발표의 핵심은 육가공품 자체를 위험 식품으로 규정한 것이 아니라, 고소비 국가를 대상으로 한 과다 섭취에 대한 경고에 가깝습니다. 육가공품 섭취 비중이 상대적으로 낮은 국가에서 동일한 기준으로 해석할 필요가 있는지에 대해서는 다양한 시각이 존재합니다. 결국 논점은 '육가공품이 위험한가'가 아니라, '어떤 조건에서, 얼마나, 어떻게 섭취하는가'에 있습니다.

❷ 식육 가공의 역사와 소금

식육 가공의 역사는 인류의 식문화 역사와 거의 궤를 같이합니다. 인류는 수렵한 고기를 저장하기 위해 소금에 절이고, 건조하고, 가열하는 방법을 발전시켜 왔습니다. 이 과정에서 소금에 포함된 질산염이 고기의 색을 유지하고 풍미를 형성하는 데 기여한다는 사실이 경험적으로 축적되었습니다.

소시지라는 단어의 어원 역시 이러한 역사와 맞닿아 있습니다. 소시지(sausage)는 라틴어 salsus(소금에 절이다)에서 유래한 표현으로, 이는 육가공품이 처음부터 염지를 중심으로 발전해 왔음을 보여 줍니다. 소금은 단순히 짠맛을 내는 조미료가 아니라, 저장성 향상, 풍미 형성, 염용성 단백질 추출을 통한 조직 형성이라는 핵심 기술 요소입니다.

❸ 현대 육가공에서 소금 감소가 만든 새로운 요구

현대 육가공품의 소금 사용량은 일반적으로 1.5~2.0% 수준입니다. 그러나 국내에서는 나트륨 섭취량 증가로 인해 '나트륨 줄이기' 정책과 소비자 요구가 지속적으로 제기되고 있습니다.

문제는 소금 사용량을 줄일 경우, 조직감 저하, 보수력 감소, 저장성 약화가 동시에 발생한다는 점입니다. 이에 따라 육가공에서는 소금의 일부 기능을 보완할 수 있는 기술적 대안이 필요해졌고, 그 중심에 아질산염이 자리하고 있습니다.

❹ 아질산염의 본질적 역할

아질산염은 흔히 색소나 발암물질로 오해받지만, 이는 기능에 대한 이해 부족에서 비롯된 인식입니다. 아질산염의 주요 기능은 다음과 같습니다.

첫째, 아질산염은 색소가 아니라 발색제입니다. 아질산은 고기 속 미오글로빈과 반응해 가열 후에도 안정적인 염지색소(nitrosohemochrome)를 형성하며, 이는 육가공품 고유의 색을 유지하기 위한 반응입니다.

둘째, 아질산염은 보툴리누스균(Clostridium botulinum)의 성장을 억제합니다. 이 균은 혐기성 환경에서 극소량의 신경독을 생성하며, 식중독균 중 가장 치명적인 위험성을 지닙니다. 아질산은 이 균의 포자 발아와 증식을 억제하는 현실적인 수단으로, 전 세계적으로 공중보건상 필수적인 식품첨가물로 관리되고 있습니다.

셋째, 아질산염은 염지 특유의 향미 형성, 지방 산화 억제, 저장성 향상, 결착력 보조에 기여합니다.

❺ 발암 논란과 니트로사민에 대한 과학적 해석

아질산염이 발암물질로 인식되는 이유는, 특정 조건에서 2차 아민과 반응해 니트로사민을 생성할 가능성 때문입니다. 그러나 니트로사민은 주로 고온 직화 조리와 같은 조건에서 생성되며, 일반적인 햄이나 소시지에서는 검출되지 않거나 극미량에 그칩니다.

또한 아스코르브산(비타민 C)과 같은 환원제를 병용할 경우 니트로사민 생성을 효과적으로 억제할 수 있습니다. 따라서 문제는 첨가물의 존재 자체가 아니라, 공정 관리와 조리 조건에 있습니다.

❻ 아질산염은 육가공품만의 문제인가

아질산염과 질산염은 육가공품뿐 아니라 채소, 침, 위 내 대사 과정에서도 자연적으로 생성됩니다. 일부 채소의 질산염 함량은 육가공품에서 검출되는 아질산염 잔존량보다 훨씬 높은 경우도 보고됩니다. 따라서 아질산염의 주요 공급원이 육가공품이라는 인식은 과장된 측면이 있습니다.

❼ '아질산염 무첨가' 표시의 실제 의미

시중의 '아질산염 무첨가' 제품 다수는 셀러리 분말과 같은 질산염 함유 원료를 사용합니다. 이 질산염은 제조 과정에서 미생물에 의해 아질산염으로 환원됩니다. 결과적으로 무첨가 제품과 일반 제품의 아질산염 잔존량은 큰 차이가 없는 경우가 많으며, 이는 기술적 차이라기보다 표시 방식의 차이에 가깝습니다.

❽ 법적 기준과 실제 잔존량

국내에서는 최종 제품 기준으로 아질산염 잔존량을 70ppm 이하로 관리하고 있습니다. 시중에 유통되는 대부분의 육가공품은 이 기준보다 훨씬 낮은 수치를 유지하고 있으며, 시간 경과와 가열 공정을 거치며 잔존량은 지속적으로 감소합니다.

중요한 점은, 다질산염 사용량은 단순 역산이 불가능하며, 가열 조건, pH, 환원제 사용 여부, 저장 기간 등 복합적인 변수에 의해 결정된다는 사실입니다. 따라서 생산자는 투입량보다 최종 잔존량을 관리하는 설계 관점이 필요합니다.

구분	초기 첨가량 (ppm)	1일 후 잔존량 (ppm)	장기 보존 후 잔존량 (ppm)	결과
염지육	100	56	7일 후 30 이하	1일째 이미 70ppm 이하, ㅅ간 경과에 따라 지속 감소
프레스 햄(유화햄)	100	32	21일 후 약 10	분쇄·가열 공정으로 잔존량 감소 속도 가장 빠름
일반 열처리 소시지 (킬바사 구조)	100	35	21일 후 16	전 기간 70ppm 이하로 안정적 유지
	200	71	25일 후 34	1일째만 경계 수준, 이후 빠르게 감소해 기준 이내

→ 이 책에서 저자는 아질산염을 100~150ppm 범위에서 투입하도록 안내합니다. 이는 투입량 자체보다 최종 제품의 잔존량이 법적 기준인 70ppm 이하로 관리되도록 설계하는 방식입니다. (실제로 제가 제조하고 있는 제품의 아질산염 잔존량은 평균 10~20ppm 수준으로 확인됩니다.)

❾ 소비자 선택과 생산자의 책임

식품은 건강을 위한 영양 공급원이지만, 맛과 풍미가 없다면 선택받기 어렵습니다. 첨가물은 허용 기준 내에서 맛, 조직감, 저장성을 확보하기 위한 기술입니다. 생산자는 과다 사용을 경계하고, 소비자에게 공정과 수치를 설명할 책임이 있습니다. 소비자 역시 '무첨가'라는 문구보다 공정과 기준을 이해하고 선택할 필요가 있습니다.

❿ 결론

아질산염은 무조건적인 발암물질도, 무조건 배제해야 할 대상도 아닙니다. 이해 없이 사용하면 위험할 수 있지만, 올바르게 이해하고 관리하면 가장 현실적인 안전장치가 됩니다.

3

고기와 pH의 관계

— pH, 전하 구조, 보수력(WHC)의 이해

❶ pH란 무엇인가

pH는 산성과 알칼리성의 정도를 나타내는 지표로, 육류 가공에서는 고기의 색, 조직감, 수분 유지력(보수력), 가공 안정성, 미생물 안전성을 좌우하는 핵심 요소입니다.

살아 있는 동물의 근육 pH는 약 7.0~7.2 수준이며, 도축 이후 근육의 생리·화학적 변화에 따라 pH는 점차 감소합니다.

❷ 고기의 pH 변화 과정 (가공육 관점)

(1) 생체 상태

살아 있는 동물의 근육 pH는 약 7.0~7.2 수준으로 중성에 가깝습니다. 이 시점의 근육은 생리적 활동이 유지되고 있으며, 단백질 구조와 수분 보유 상태도 안정적입니다.

(2) 도축 직후

도축과 동시에 산소 공급이 차단되면서 근육은 혐기적 대사 상태로 전환됩니다. 이 과정에서 근육 내 글리코겐이 분해되어 젖산이 생성되기 시작하며 pH는 서서히 감소합니다.

• 도축 직후 pH : 약 6.8~7.0

(3) 사후 강직 및 숙성 단계

젖산이 근육 조직 내에 축적되면서 pH는 더욱 하강합니다. 사후 강직이 완료되면 근육 단백질은 등전점 영역에 가까워지며, 이 시기에 보수력은 일시적으로 가장 낮아집니다.

• 정상적인 고기 원육 pH : 5.4~5.8

→ 이 단계의 pH는 고기의 색, 조직감, 수분 유지력에 큰 영향을 미칩니다.

(4) 발효 가공 단계(발효 소시지 기준)

발효 소시지의 경우 스타터 컬처나 산 생성 반응에 의해 pH는 추가로 하강합니다.

- 발효 완료 pH : 4.5~4.8
- → 이 구간은 병원성 미생물 억제와 보존성 확보에는 유리하지만, 가열 햄이나 일반 소시지의 원료 육 pH로는 적합하지 않습니다.

❸ 가공육 관점에서의 핵심 정리

pH는 단순한 수치가 아니라, 단백질의 전하 구조를 바꾸는 스위치입니다. 좋은 햄과 소시지는 배합 이전, 즉 원료육의 pH 단계에서 이미 절반 이상이 결정됩니다. 인산염, 염지 기술, 공정과 관리도 중요하지만, 그 출발점은 pH를 이해하고 적절한 원료육을 판단하는 데 있습니다.

결국 신선하고 적정 pH를 가진 원료육을 정확히 선별하는 것이 최종 품질을 좌우하는 핵심 기준이 되는 것입니다.

❹ 햄·소시지 제조에서 pH의 중요성

(1) 원료육의 적정 pH 범위

햄과 소시지 제조에 적합한 원료육의 pH는 일반적으로 5.8 수준입니다. 이 범위에서 육단백질의 전하 구조가 안정적이며, 가공 적성이 가장 우수합니다.

pH5.8 미만인 고기를 사용할 경우, 아래와 같은 문제가 발생해 만족스러운 품질의 제품을 만들기 어렵습니다.

- 보수력 저하
- 염용성 단백질 추출 불량
- 결착력 약화
- 유수분리 발생 가능성 증가

(2) 염용성 단백질 추출과 pH

pH5.8~6.4 구간에서는 소금과 함께 미오신, 액틴 등 염용성 단백질의 용출이 원활하게 일어납니다.

- 햄과 소시지의 결착력 형성
- 조직 안정성
- 수분 및 지방 결합
- → 이것이 핵심 요소이며, pH는 이 과정을 여닫는 가장 중요한 조건입니다.

❺ 조리·레시피 관점에서의 주의점

소시지나 햄을 만들기 위해 투입되는 재료 중, 산미가 강한 재료는 구조적·품질적 문제를 일으킬 수 있습니다. 예를 들면 레몬 주스, 식초 등의 강한 산성 재료들은 반죽 단계에서 pH를 급격히 낮추고, 단백질 구조를 수축시키며, 염용성 단백질의 결합을 방해합니다. 그 결과 조직이 쉽게 부서지고 수분 이탈이 증가하며 맛이 날카롭고 거칠어질 가능성이 높아집니다.

즉, 가공 단계에서의 산미는 풍미를 강화하기보다 구조를 저하시킬 가능성이 높다는 점을 고려해야 합니다.

❻ 결론

pH를 이해하고, 신선하면서도 적정한 pH를 가진 원료육을 선별하는 것은 단순한 이론이 아니라, 품질을 결정짓는 기준이자 실패를 줄이는 실질적인 기술입니다.

4

염용성 단백질 이론

— 소시지 제조에서 '소금'이 필수적인 이유

염용성 단백질은 소시지와 햄을 구성하는 고기, 지방, 물을 하나의 조직으로 묶어 주는 핵심 요소입니다. 이 단백질은 소금이 존재할 때 활성화되며, 제품의 구조와 식감을 결정합니다. 즉, 염용성 단백질의 이해는 저염 기준을 설계하면서도 안정적인 품질을 유지하기 위한 출발점입니다.

❶ 염용성 단백질이란 무엇인가

염용성 단백질(Salt-soluble protein)은 근육을 구성하는 단백질 가운데, 소금이 존재할 때 용해·추출되는 단백질을 말합니다. 대표적인 성분은 미오신(Myosin)과 액틴(Actin)으로, 근육 섬유를 이루는 주요 구조 단백질입니다.

소금이 첨가되면 이 단백질들의 구조가 풀리며 점성을 띤 상태로 추출됩니다. 이렇게 추출된 단백질은 가열 과정에서 서로 결합해 젤 구조를 형성하고, 고기·지방·물을 하나로 묶는 물리·화학적 기반이 됩니다.

소금이 없으면 염용성 단백질은 충분히 추출되지 않습니다. 그 결과 결착이 형성되지 않고, 조직이 만들어지지 않으며, 유화 역시 안정적으로 이루어지지 않습니다. 따라서 햄과 소시지 제조에서 소금은 선택 사항이 아니라 구조 그 자체를 만드는 필수 요소입니다.

염용성 단백질의 추출 정도는 절단면 상태, 조직의 탄력과 밀도, 수율(수분 손실 여부), 씹는 식감과 육즙감에 직접적인 영향을 줍니다. 즉, 염용성 단백질의 상태는 단순한 염도 문제가 아니라 제품 형태와 품질을 결정하는 기본값입니다.

❷ 소금 함량과 염용성 단백질의 관계

수제 소시지와 햄 제조에서 일반적으로 사용되는 소금 함량은 약 1.5~1.8% 수준입니다. 이 범위는 절대적인 수치라기보다, 다양한 염도 실험과 실제 제조 경험을 통해 저염을 유지하면서도 안정적인 조직과 품질을 확보할 수 있는 실용적 범위로 정리된 값입니다.

이 수준의 소금 함량은 원료육 근육 단백질 중 상당 부분을 차지하는 염용성 단백질을 안정적으로 추출하기에 충분합니다. 추출된 단백질은 열처리 과정에서 물과 지방을 감싸며 젤 구조를 형성하고, 이를 통해 햄과 소시지 특유의 식감과 보수력, 결착력이 만들어집니다.

반대로 소금 함량이 이 범위를 벗어나면 단백질 추출이 불안정해지고, 조직과 식감, 수율 전반에 문제가 발생할 가능성이 커집니다.

저염 소시지에서도 소금이 필요한 이유

최근 건강 트렌드로 인해 저염 소시지에 대한 수요가 증가하고 있습니다. 그러나 저염 제품이라 하더라도 소금을 완전히 제거하는 것은 현실적으로 어렵습니다. 염용성 단백질의 구조적 특성상, 약 1.5% 수준의 염 재료는 여전히 필요합니다. 소금을 이보다 더 줄일 경우 아래와 같은 문제가 발생할 수 있으며, 이는 제품의 안정성과 기호성을 크게 떨어뜨립니다.

- 보수력 저하
- 결착력 감소
- 조직 붕괴
- 지방 분리

❸ 염용성 단백질과 유화

염용성 단백질은 단순히 고기의 입자를 붙여주는 역할에 그치지 않습니다. 물과 섞이지 않는 지방, 쉽게 이탈하는 수분을 단백질이 감싸 안정적인 유화 상태를 만듭니다.

유화가 잘 이루어질수록 지방 분리가 억제되고, 수분 손실이 줄어들며, 조직이 고르고 탄탄해집니다.

따라서 염용성 단백질을 통해 지방과 수분이 고기 속에 고르게 분산된 안정적인 유화 구조를 만드는 것이, 결착성과 조직감이 우수한 햄과 소시지를 만드는 핵심 조건입니다.

❹ 고기·지방·수분의 균형 설계

햄과 소시지는 고기, 지방, 수분이 서로를 보완하면서도 충돌하는 삼각 관계 속에서 만들어집니다. 고기의 비율을 높이면 육향은 또렷해지지만 조직이 단단해지고 퍽퍽해질 수 있습니다. 반대로 수분을 늘리면 조직은 부드러워지지만 맛의 밀도는 낮아집니다. 지방을 늘리면 고소함은 강화되지만, 과도할 경우 유수분리나 느끼함이 발생할 수 있습니다.

제가 제안하는 기본 비율은 고기 65%, 수분 15%, 지방 15%를 기준으로, 여기에 향신료나 입자형 재료를 더하는 방식입니다. 다만, 이 비율은 절대적인 공식이 아니라, 제품의 목적에 따라 조정되어야 합니다. 육질을 강조할 것인지, 촉촉함을 살릴 것인지, 지방의 풍미를 중심에 둘 것인지에 따라 세 요소의 균형을 상황에 맞게 조율하는 것이 중요합니다.

5

인산염과 염용성 단백질의 관계

인산염은 육제품의 품질을 안정적으로 끌어올리기 위한 기능성 첨가물입니다. 인산염은 수분 결합을 향상시키고, 단백질 추출을 촉진하며, 지방 산화를 억제해 결과적으로 탄력, 색, 맛의 완성도를 높이는 역할을 합니다.

햄과 소시지 제조에서 소금, 염용성 단백질, 인산염은 각각 다른 역할을 하며 상호 보완적으로 작용합니다. 소금은 고기 속 염용성 단백질을 용출시키는 역할을 하며, 염용성 단백질은 햄과 소시지의 조직을 형성하는 핵심 요소입니다. 인산염은 단백질의 용해도를 높이고 보수력을 향상시켜 수분과 지방을 안정적으로 유지하도록 돕습니다. 즉, 소금은 단백질 용해를 유도하고, 인산염은 그 기능을 강화하며, 단백질은 최종적인 조직을 형성합니다.

❶ 인산염의 핵심 기능

- **보수력 증진**

인산염은 고기의 pH를 약 6.0~6.2 범위로 이동시켜 단백질이 수분을 더 많이 결합할 수 있는 상태를 만듭니다. 그 결과 가열 중 수분 손실이 줄어들고 육즙이 유지되어 더욱 촉촉한 식감을 만듭니다.

- **결착력 증가**

인산염은 소금과 함께 작용해 염용성 단백질, 특히 미오신의 팽윤과 용해를 촉진합니다. 이 단백질은 가열 시 서로 결합해 젤 구조를 형성하며, 햄과 소시지의 조직을 하나로 묶는 핵심 역할을 합니다. 그 결과 슬라이스 시 부서짐이 적고, 결이 살아 있는 안정적인 조직감을 만들 수 있습니다.

- **유화 안정화**

유화형 소시지인 약드부어스트, 모르타델라 등에서는 인산염이 단백질이 지방과 수분을 감싸는 구조를 안정화합니다. 이로 인해 가열 중 지방 유출이 줄어들고, 절단면이 매끄럽고 균일해집니다.

- **저장성 증진**

인산염은 햄과 소시지 내부 지방의 산화를 억제하는 데 도움을 주어, 저장 중 품질 저하를 늦추는 역할을 합니다.

❷ 소금과 인산염의 역할 비교

구분	소금	인산염
주 역할	염용성 단백질 용출·용해를 통한 결착 구조 형성	염용성 단백질 기능 보조 및 보수력·안정성 강화
보수력	단백질 용해를 통한 수분 결합 기반 형성	보수력 증대 및 수분 유지력 강화
결착	단백질 용해를 통한 입자 간 결착을 직접적으로 형성	결착 구조 안정화 및 유지력 강화
pH 영향	등전점 이탈 유도	pH 상승을 통한 수분 결합 능력 증대
미생물 억제	염도에 의한 미생물 성장 억제	직접적 미생물 억제 효과 거의 없음
대체 가능성	결착 형성 핵심 요소로 대체 어려움	일부 공정에서 사용량 조절 또는 생략 가능

인산염은 제품의 구조를 직접 만드는 재료는 아닙니다. 다만 단백질이 안정적으로 작동할 수 있는 조건을 형성해 주는 역할을 합니다. 육제품의 완성도는 원료뿐 아니라 온도와 습도, 시간과 같은 공정 조건이 함께 맞아야 균일하고 안정된 구조로 완성됩니다.

햄과 소시지도 마찬가지입니다. 인산염이 있으면 단백질이 작동하기 좋은 조건이 쉽게 만들어지고, 공정이 다소 흔들려도 결과가 크게 무너지지 않습니다. 반대로 인산염이 없으면 온도, 시간, 수분 관리가 훨씬 더 정밀해져야 하며, 조금만 어긋나도 결착이 약해지고 유수분리가 발생해 식감이 불안정해집니다.

❸ 결론 – 수제 햄과 소시지 제조 시 주요 첨가물 정리

첨가물	사용 목적
소금 1.5~1.7%	향미, 보수력, 저장성, 염용성 단백질 용출과 용해
인산염 0.3~0.5%	보수력 증진, 결착력 증가
질산염·아질산염 잔존 기준 70ppm	발색, 항산화, 미생물 억제
아스코르빈산	염지 촉진, 니트로소아민 억제
결착제	전분, 난백, 대두 단백, 유 단백, 혈장 단백
조미료	소금, 감미료, 향신료

본레스 로스트 햄

이 햄의 공정은 염지의 기초이자 습염지법을 이해하기 위한 좋은 예시입니다. 고기를 오랜 시간 보관하며 기다리는 방식이 아니라, 비교적 짧은 시간 안에 염지가 고기 내부로 어떻게 작동하는지를 보여주는 데 목적이 있습니다. 염지를 통해 고기의 구조가 어떻게 정리되고, 맛의 방향이 어떻게 설정되는지를 가장 직관적으로 경험할 수 있는 과정입니다.

이 햄은 수비드 공정 대신 오븐에서 익혀 완성합니다. 수비드는 고기를 균일하게 익히는 데에는 적합하지만, 열에 의해 형성되는 구운 향과 색을 남기기에는 한계가 있습니다. 따라서 이 레시피에서는 오븐 공정을 통해 겉면의 색을 형성하고, 고기에 입체적인 향을 더합니다.

염지와 가열을 분리된 과정으로 다루는 것이 아니라, 습염지를 이해하고 염지가 끝난 고기를 어떻게 마무리해야 하는지를 단순하고 분명하게 보여주는 레시피입니다.

재료	중량(g)	배합(%)
돼지고기 뒷다리살	1000	59.8
정숫물	600	35.9
소금(정제염)	23	1.4
피클링솔트(아질산염)	9.5	0.6
복합 인산겸	2.6	0.16
설탕	18.5	1.1
비프 스톡 파우더(아이엠소스)	2.6	0.16
액상 치킨 스톡(메기)	5.3	0.3
양파(100%) 분말	2.6	0.16
마늘(100%) 분말	2.6	0.16
피클링 스과이스	5.3	0.3
합계	**1672**	100

※ 배합(%)은 총중량 기준이며, 소수점 반올림으로 인해 합계가 100%와 다를 수 있다.

- 물, 소금, 피클링솔트, 복합 인산염, 설탕, 비프 스톡 파우더, 액상 치킨 스톡, 양파 분말, 마늘 분말은 블렌더로 충분히 용해해 염지액을 만든다. 입자형 허브(피클링 스파이스)는 마른 프라이팬에서 중불로 약 1분간 볶아 향을 낸 뒤 만들어 둔 염지액에 흩께 담가 둔다.

- 모든 장비는 소독한 뒤 완전히 건조하여 사용한다.

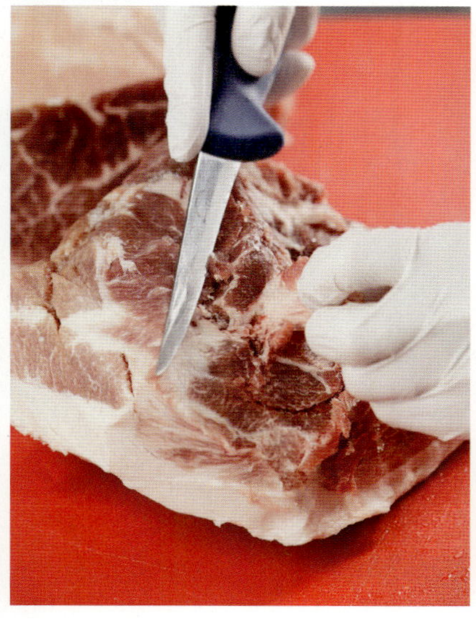
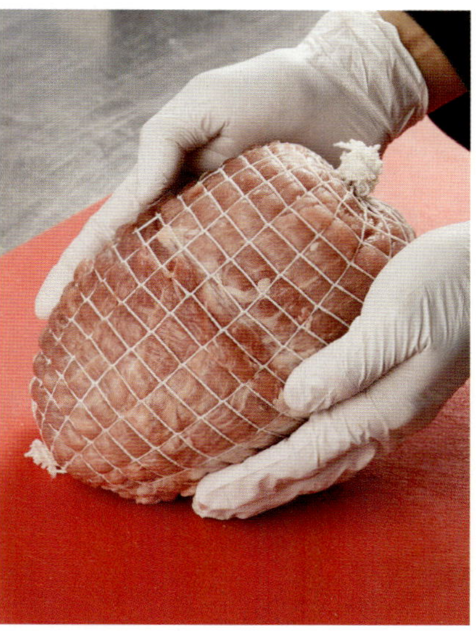

1. 돼지고기 뒷다리살의 근막과 과도한 지방층, 혈흔을 제거한 뒤 햄 네트망(18 사이즈)에
   넣고 매듭을 지어 고정한다.

   ☞ 돼지고기 볼기살, 보섭살, 도가니살을 사용해도 좋다.

2. 염지 주사기를 이용해 염지액 전량을 고기 내부에 고르게 주입한다. 이때 염지액은
   여러 지점에 나누어 1~2cm 간격으로 촘촘히 주입하여 내부까지 균일하게 전달되도록
   한다.

   ☞ 염지 후 고기에서 일부 염지액이 유출될 수 있으나, 이를 다시 주사하거나 재염지하지 않는다.
   다만 염지 경험이 적어 내부 염지가 부족하다고 판단될 경우에는 한 차례 재염지를 고려할 수
   있다.

3. 통이나 PE지퍼백(식품용)에 염지액
   주입을 마친 고기, 흘러나온 염지액과
   남은 피클링 스파이스를 모두 넣고
   냉장고에서 1~2일간 염지한다.

   ☞ 입자형 허브(피클링 스파이스)는 주사 바늘
   의 흡입을 방해할 수 있으므로 염지 주사기
   로 주입할 때에는 체에 걸러 잠시 빼두었다
   가, 염지할 때 다시 넣어 준다.

4. 염지를 마친 고기는 흐르는 물에
염지액을 씻어 낸다.

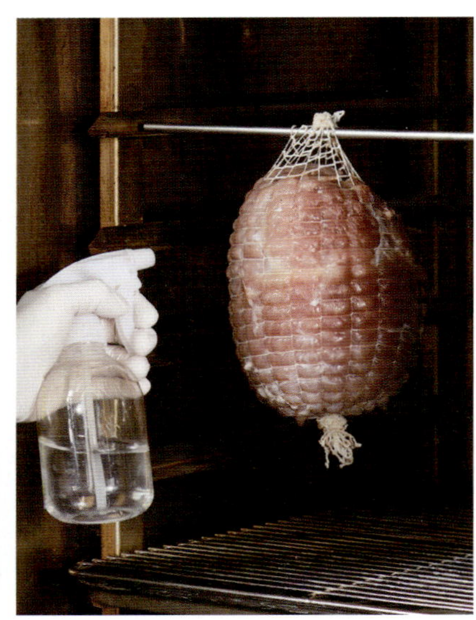

5. 스팀 기능이 있는 컨벡션 오븐(85℃)에 대달아 스팀을 15분 간격으로 주입하며
고기 중심부 온도가 65~72℃에 도달할 때까지 가열한다. (오븐 안에 고기를 매달 수
없는 경우 두 번째 사진처럼 식힘망에 올려 가열하면 된다.)

🥚 스팀 기능이 없는 컨벡션 오븐을 사용할 경우 스프레이로 물을 충분히 분사해 표면이 건조해지
지 않도록 한 후 고기 중심부 온도가 65~72℃에 도달할 때까지 가열한다.

🥚 80℃로 설정한 수비드 기계에서 고기 중심부 온도가 65~72℃가 될 때까지 익혀 완성해도 된다.

6. 식용 스모크 향 원액을 희석해 고기
표면에 분사하면 은은한 스모크 향이
더해져 풍미가 깊어진다.

🥚 식용 스모크 향 원액의 희석 비율은 사용하
는 제품의 매뉴얼에 따른다.

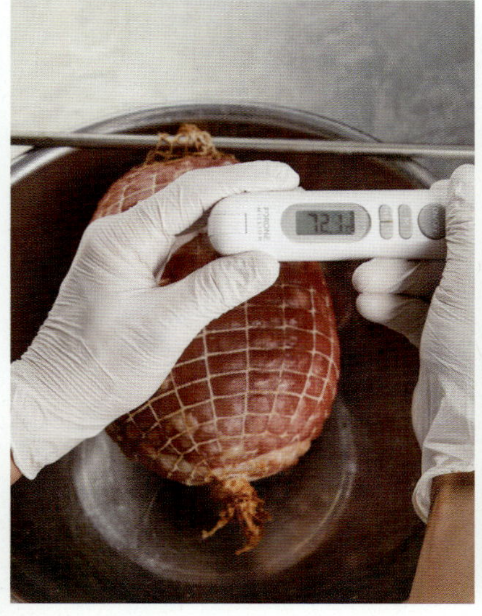

7. 고기 중심부 온도가 65~72℃에 도달하면 오븐에서 꺼내 곧바로 진공 포장한 후 얼음물에 담가 급속 냉각한다.

8. 완전히 식으면 냉장고에서 하루 동안 숙성시킨 뒤, 포장지와 실을 제거해 사용한다.

 **Chef's Note**

◇ 돼지고기의 사용 부위

돼지고기 볼기살, 보섭살, 도가니살은 본 레시피에 적합한 부위다. 이 부위들은 지방 함량이 과하지 않고 조직이 단단해 염지 후에도 형태 안정성이 우수하다. 또한 주사 염지를 적용했을 때 염지액이 고기 내부에 고르게 분산되어 맛과 조직의 균형을 잡기 쉽다. 단기 염지 1~2일 후 바로 로스트 공정으로 이어가기에 적합하며, 건열 오븐 조리 시 수축이 비교적 일정해 조리 후 형태 유지가 용이하다.

◇ 습염지의 핵심은 물의 양

이 배합에서 물의 비율을 60%로 설정한 이유는 고기를 충분히 잠기게 하면서도 염지가 효율적으로 작동하도록 하기 위함이다. 필요 이상으로 많은 염지액을 사용하는 것은 염지 재료의 낭비로 볼 수 있다. 따라서 염지 시에는 좁고 높은 형태의 용기를 사용하는 것을 권장한다. 부득이하게 물의 양을 늘려야 할 경우에는, 전체 배합 비율에 맞춰 소금과 부재료의 양을 함께 조정해야 한다.

약드부어스트

약드부어스트는 사냥과 노동의 현장에서 빠르게 먹기 위해 만들어진 소시지에서 출발한 음식입니다. 냉장 기술이 보편화되기 이전에는 고기를 오래 저장하기보다, 그날 손질한 고기를 바로 다져 조리해 먹는 방식이 일반적이었습니다. 이 과정에서 짧은 시간 안에 익고 부드러운 식감을 지닌 유화형 소시지가 만들어졌으며, 이것이 약드부어스트의 기원입니다.

당시 약드부어스트는 사냥을 나서기 전이나 들일을 시작하기 전, 짧은 시간 안에 에너지와 단백질을 보충하기 위한 음식으로 소비되었습니다. 조리 시간이 길 필요가 없었고, 복잡한 상차림 없이 빵과 머스터드, 치즈를 곁들여 간단히 먹는 형태로 자리 잡았습니다.

이러한 식문화는 우리에게도 낯설지 않습니다. 농번기의 짧은 휴식 시간에 새참으로 허기와 피로를 달래던 모습과 닮아 있습니다. 오랜 시간을 들이지 않고도 몸에 필요한 영양을 빠르게 채우는 음식이라는 점에서, 약드부어스트는 현장의 음식에 가깝습니다.

오늘날 약드부어스트는 이러한 정신을 이어받아, 짧은 시간 안에 만들고 바로 활용할 수 있는 샌드위치용 프레스 햄으로 재해석됩니다. 빠르고 실용적이면서도 고기의 맛과 조직을 분명히 느낄 수 있는 형태로, 일상 속에서도 충분히 활용 가치가 있는 소시지입니다.

재료	중량(g)	배합(%)
돼지고기 뒷다리살 다짐육	1123	74.9
돼지고기 등지방 다짐육	168	11.2
간 얼음	168	11.2
소금(정제염)	20	1.3
피클링솔트(아질산염)	2.5	0.17
복합 인산염	5.6	0.37
아스코르틴산(비타민 C)	2.4	0.16
겔프부어스트 시즈닝(복합 조미료)	9.5	0.63
합계	**1499**	100

※ 배합(%)은 총중량 기준이며, 소수점 반올림으로 인해 합계가 100%와 다를 수 있다.

PREPARATION

- 돼지고기 뒷다리살 다짐육과 등지방 다짐육은 트레이에 고르게 펼치고, 냉동고에서 15~30분간 냉각해 온도를 0~1°C로 맞춰 사용한다.

- 믹싱볼과 비터는 사용 전 냉장고 또는 냉동고에 두어 충분히 냉각한다.

- 모든 장비는 소독한 뒤 완전히 건조하여 사용한다.

- 사용할 플라스틱 케이싱은 세척 후 미온수를 담가 압력을 가해 유연하게 만들어 준비한다. 41p

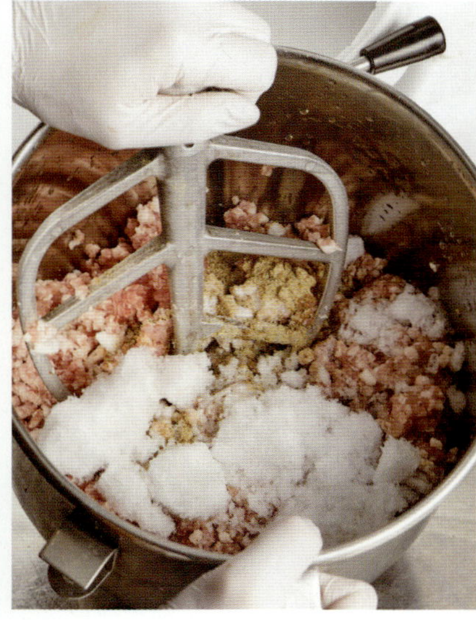

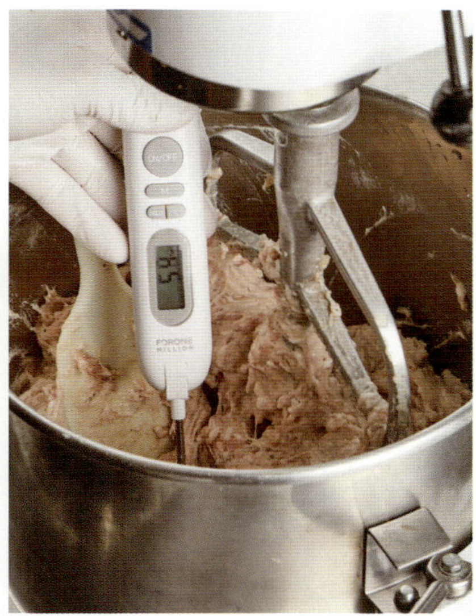

1. 비터를 장착한 반죽기에 돼지고기 등지방 다짐육을 제외한 모든 재료를 넣고 저속에서 약 1분간 반죽이 풀어질 정도로만 섞는다.

🥠 이때 간 얼음은 1/2만 넣는다.

2. 반죽이 풀어지면 중속으로 올려 반죽 온도가 4~6℃에 도달할 때까지 약 3~4분간 믹싱한다.

🥠 이 단계의 목적은 염용성 단백질을 충분히 추출해 반죽의 기본 결착력을 형성하는 데 있다.

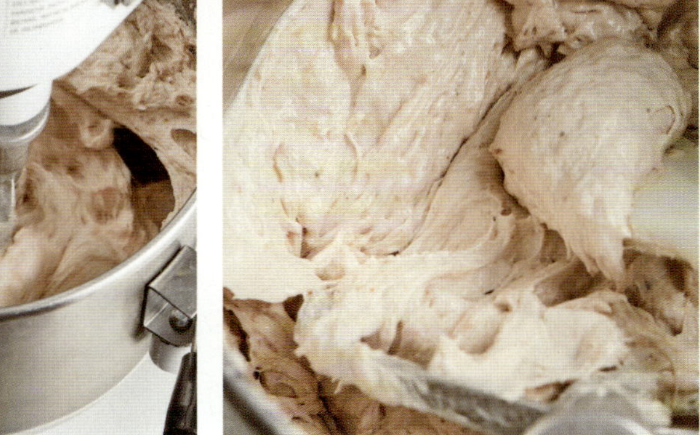

3. 남은 얼음과 돼지고기 등지방 다짐육을 모두 투입한다.

4. 반죽 온도가 12℃ 를 넘지 않도록 관리하며 약 4분간 믹싱한다.

🥠 이 단계에서는 지방이 단백질에 고르게 감싸지는 안정적인 유화 상태를 만드는 것이 핵심이다.

🥠 작업 중간중간 볼의 벽면과 바닥을 긁어 반죽이 균일하게 섞이도록 한다.

5. 고기의 지방과 수분이 매끄럽게 유화되고, 손으로 집어 들었을 때 쉽게 끊어지지 않는 점성 있는 상태가 되면 믹싱을 마무리한다. 이 단계에서도 반죽 온도가 12℃ 를 넘지 않도록 한다.

> 기호에 따라 마지막에 다진 파프리카 또는 피스타치오를 넣어 가볍게 섞어도 좋다.

6. 비터에 걸린 근막은 사용하지 않는다.

충진

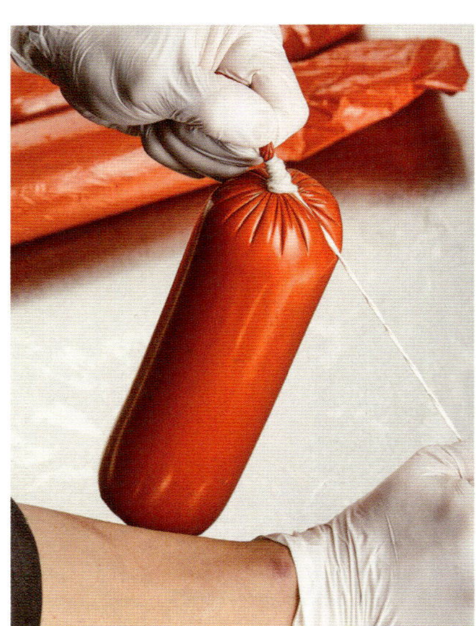

7. 플라스틱 케이싱에 공기가 들어가지 않도록 주의하며 반죽을 충진한 후 매듭을 지어 마무리한다. `38p`

> 여기에서는 지름 6cm 플라스틱 케이싱을 사용했다.

8. 최대한 공기가 들어가지 않게 주의하며 케이싱을 묶어 마무리한다. `42p`

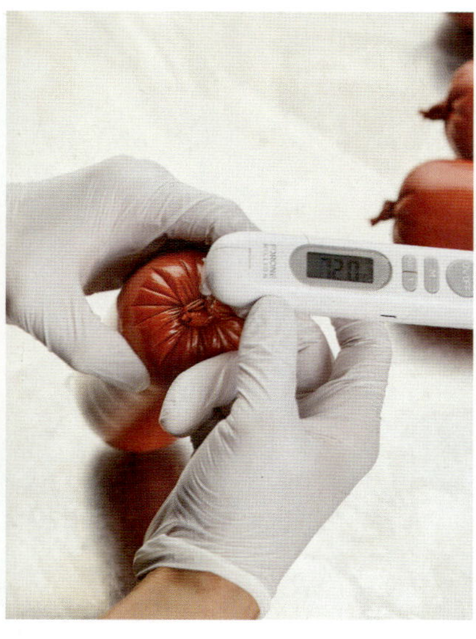

9. 스팀 기능이 있는 컨벡션 오븐에 넣고 스팀을 주입(100%)하며 75~85℃에서 약 1~2시간 조리해 고기 중심부 온도가 65~72℃에 도달할 때까지 가열한다.

🥄 스팀 기능이 없는 오븐을 사용할 경우 스테인리스 바트에 끓는 물을 붓고 익힐 햄을 넣는다. 햄이 물에 뜨지 않도록 접시 등으로 눌러 고정한 뒤 스테인리스 커버를 덮고, 75~80℃에서 고기 중심부 온도가 65~72℃에 도달할 때까지 익힌다.

🥄 80℃로 설정한 수비드 기계에서 고기 중심부 온도가 65~72℃가 될 때까지 익혀 완성해도 된다.

10. 가열 후 즉시 얼음물에 담가 급속 냉각한다.

🥄 완전히 식힌 뒤 냉장 보관하고, 하루 이상 숙성해 사용한다.

모르타델라

모르타델라는 이탈리아 북부 볼로냐 지역에서 탄생한 전통 햄입니다. 볼로냐에서는 모르타델라의 품질과 제조 방식, 사용 원료와 공정을 법으로 관리할 만큼 이 햄을 지역을 대표하는 상징적인 식문화로 다뤄 왔습니다. 모르타델라는 단순히 부드러운 햄이 아니라, 고기와 지방, 수분을 정교하게 결합해 완성한 유화 구조의 집약체라고 할 수 있습니다.

이 책에서 다루는 모르타델라는 이러한 전통에 대한 이해를 바탕으로 하되, 소규모 매장 환경에서도 현실적으로 구현할 수 있는 방식에 초점을 둡니다. 매장의 감성과 운영 여건에 맞추어 돼지고기와 쇠고기를 혼합해 사용하며, 이를 통해 보다 입체적인 풍미를 구성합니다.

모르타델라는 유화형 햄에 속하는 제품으로, 조직의 완성도는 장비의 크기보다 원리에 대한 이해에 달려 있습니다. 본 과정에서는 대형 커터나 고가의 설비 대신, 소규모 매장에서 충분히 활용 가능한 푸드 프로세서를 기준으로 제안합니다. 고기 온도 관리, 유화 단계의 순서, 수분과 지방이 결합되는 시점을 정확히 이해한다면 고가의 장비 없이도 안정적이고 완성도 높은 햄을 만들 수 있습니다.

특히 이 모르타델라에서는 고운 유화 베이스 안에 지방 큐브나 견과류와 같은 입자 재료를 더할 때, 조직이 무너지지 않고 단면이 깔끔하게 유지되기 위한 명확한 기준이 필요합니다. 단순히 레시피를 따라 만드는 설명이 아니라, 모르타델라가 어떤 구조로 완성되는 햄인지, 그리고 그 구조 안에 다양한 재료를 어떻게 안정적으로 담아낼 수 있는지를 이해하는 데 목적이 있습니다. 이를 통해 모르타델라는 공장 설비가 있어야만 가능한 햄이 아니라, 원리와 공정을 정확히 이해한다면 작은 매장에서도 충분히 구현 가능한 고급 햄이라는 점을 전달하고 싶었습니다.

재료	중량(g)	배합(%)	재료	중량(g)	배합(%)
돼지고기 뒷다리살 다짐육	340	16.6	복합 인산염	6.1	0.3
쇠고기 어깨살 다짐육	600	29.3	아스코르빈산 (비타민 C)	2.5	0.12
돼지고기 등지방 다짐육	250	12.2	스탠다드 시즈닝 (복합 조미료)	8.5	0.41
간 얼음	270	13.2	돼지고기 등지방 큐브 (후투입용)	400	19.5
소금(정제염)	20	1	피스타치오	150	7.3
피클링솔트(아질산염)	2.5	0.12	합계	2049.6	100

※ 배합(%)은 총중량 기준이며, 소수점 반올림으로 인해
　합계가 100%와 다를 수 있다.

PREPARATION

- 돼지고기 뒷다리살 다짐육과 등지방 다짐육, 쇠고기 어깨살 다짐육은 트레이에 고르게 펼치고, 냉동고에서 15~30분간 냉각해 온도를 0~1℃로 맞춰 사용한다. 유화형 햄은 온도가 상승하면 지방이 녹아 유화가 깨질 수 있으므로 원료 상태부터 저온 관리를 하는 것이 중요하다.

- 사용하는 분쇄기(푸드프로세서 등)는 최소 1,400rpm 회전 성능을 갖춘 장비를 사용한다.

- 모든 장비는 소독한 뒤 완전히 건조하여 사용한다.

- 사용할 플라스틱 케이싱은 세척 후 미온수를 담가 압력을 가해 유연하게 만들어 준비한다. 41p

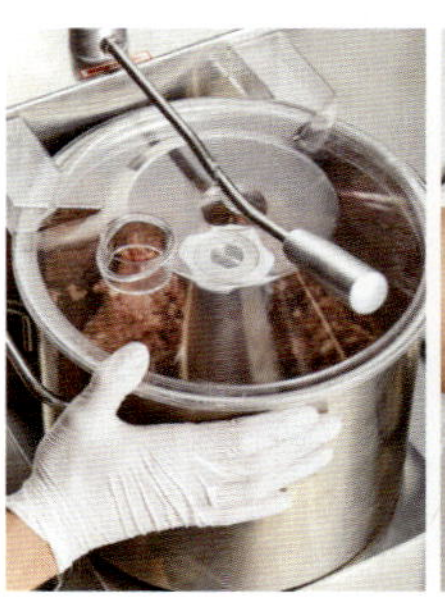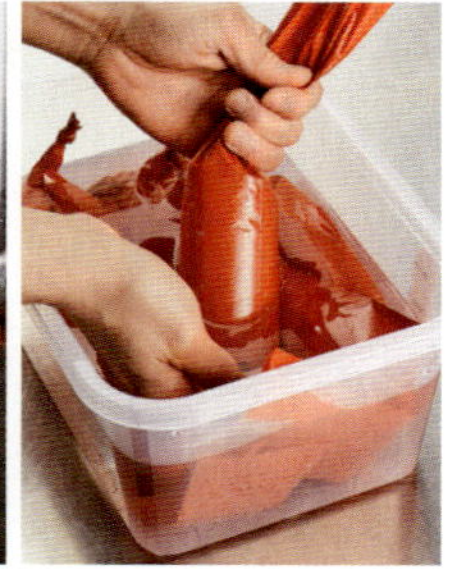

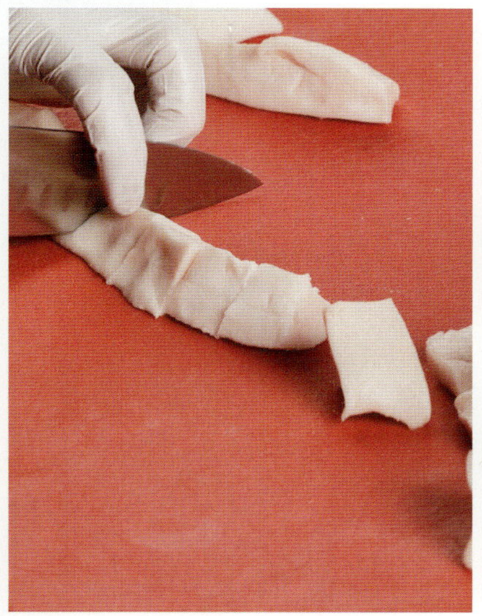  

1. 후투입용 돼지고기 등지방 400g을 약 1.5cm 큐브 모양으로 자른다.

2. 끓지 않는 85~90℃의 물에서 돼지고기 등지방 속까지 완전히 익을 때까지 충분히 삶는다.

3. 체에 받쳐 물기를 제거한 뒤 얼음물에 담가 급랭한다. 완전히 식으면 얼음을 제거하고 사용한다.

☁ 바로 사용하지 않을 경우 반드시 냉장 보관 한다.

4. 돼지고기 뒷다리살 다짐육, 쇠고기 어깨 살 다짐육, 돼지고기 등지방 다짐육을 트레이에 고르게 펼치고, 냉동고에서 15~30분간 냉각해 온도를 0~1℃로 맞춰 사용한다.

☁ 3mm 플레이트가 없을 경우 6mm 플레이트 로 연속 두 번 분쇄한다.

5. 커터 기능이 있는 분쇄기나 성능이 좋은 믹서에 돼지고기 등지방 다짐육을 제외한 모든 재료를 넣는다.

☁ 이때 간 얼음은 1/2만 넣는다.

6. 커팅을 진행하며 반죽 온도가 4~6℃에 도달할 때까지 반죽을 유화시킨다.

☁ 이 단계에서 염용성 단백질이 충분히 추출 되어 점성이 형성되어야 한다.

7. 반죽 온도가 4~6℃에 도달하면 남은 얼음과 돼지고기 등지방 다짐육을 넣고 다시 커팅한다.

8. 반죽 온도가 8℃ 전후가 될 때까지 커팅을 진행한다.

🥔 중간중간 볼의 벽면을 긁어 반죽이 균일하게 섞이도록 한다.

9. 반죽이 매끄럽게 유화되면 마무리한다. 이때 유수 분리가 발생하지 않아야 하며, 최종 반죽 온도는 12℃를 넘지 않아야 한다.

등지방, 피스타치오 혼합

10. 유화가 완료된 반죽에 삶은 돼지고기 등지방 큐브와 피스타치오를 넣는다.

11. 손으로 치대듯이 섞어 준다.

🥔 이 단계의 작업 온도는 반드시 15℃ 이하를 유지한다.

12. 섞는 중간마다 피스타치오와 등지방 큐브에 반죽이 고르게 붙도록 확인하며 작업한다.

🥔 이는 슬라이스 시 재료가 흐트러지지 않고 단면에 단단히 고정되도록 하기 위함이다.

 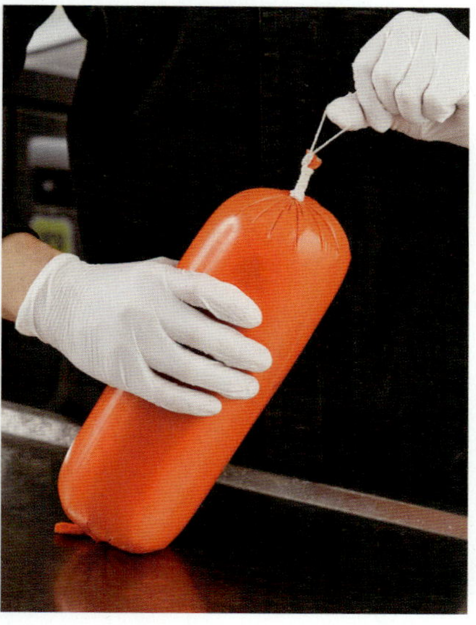

13. 플라스틱 케이싱에 공기가 들어가지 않도록 주의하며 반죽을 충진한 후 매듭을 지어 마무리한다. `38,42p`

🫛 여기에서는 지름 9cm 플라스틱 케이싱을 사용했다.

 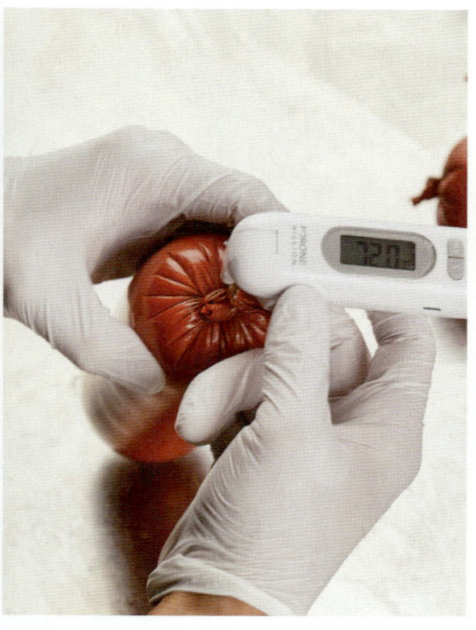 

14. 스팀 기능이 있는 컨벡션 오븐에 넣고 스팀을 주입(100%)하며 85℃에서 약 2~3시간 조리해 고기 중심부 온도가 65~72℃에 도달할 때까지 가열한다.

🫛 스팀 기능이 없는 오븐을 사용할 경우 스테인리스 바트에 끓는 물을 붓고 익힐 햄을 넣는다. 햄이 물에 뜨지 않도록 접시 등으로 눌러 고정한 뒤 스테인리스 커버를 덮고, 75~80℃에서 고기 중심부 온도가 65~72℃에 도달할 때까지 익힌다.

🫛 80℃로 설정한 수비드 기계에서 고기 중심부 온도가 65~72℃가 될 때까지 익혀 완성해도 된다.

15. 가열 후 즉시 얼음물에 담가 급속 냉각해 냉장고에서 하루 이상 숙성시켜 사용한다.

이탈리안 비앙코 소시지

이탈리안 비앙코 소시지는 입자형 구조로 완성하는 소시지입니다. 고기를 곱게 갈아 유화시키는 방식이 아니라, 고기와 지방의 결을 살려 씹는 식감을 먼저 설계합니다. 이 소시지는 일반적인 소시지처럼 물이나 얼음을 넣어 수분을 보충하지 않습니다. 대신 우유를 사용해 수분을 채우고, 그 수분이 단백질과 결합하도록 구성합니다.

그 결과 반죽은 과도하게 묽어지지 않으며, 조리 후에도 조직이 무너지지 않고 크리미한 질감을 유지합니다. 우유는 단순히 부드러움을 더하는 재료가 아니라, 고기와 지방 사이를 채우는 매개체로 작용합니다. 가열 과정에서 우유 성분이 천천히 녹아들며, 크림을 사용하지 않아도 까르보나라 특유의 고소하고 둥근 풍미를 만들어 냅니다.

여기에 파르미지아노 레지아노 치즈와 굵은 후추를 더해 맛의 중심을 분명히 잡되, 과하지 않은 균형을 유지합니다. 입자형 구조 덕분에 팬에서 구웠을 때 표면은 단단하게 잡히고, 내부는 촉촉하게 남습니다. 조리 과정에서 베이컨에서 나온 지방이 소시지 내부의 우유와 어우러지며, 한 입 베어 무는 순간 크림처럼 부드러운 풍미가 자연스럽게 퍼집니다.

재료	중량(g)	배합(%)
돼지고기 뒷다리살 다짐육	800	63.6
시판 베이컨 다진 것	100	8
돼지고기 등지방 다짐육	100	8
소금(정제염)	12	1
복합 인산염	3.6	0.29
우유	120	9.5
설탕	11	0.87
파르미지아노 레지아노 치즈	27	2.1
다진 양파	33	2.6
다진 마늘	16	1.3
다진 파슬리	27	2.1
후추	2.2	0.17
코리엔더시드	1.6	0.13
펜넬시드	2.2	0.17
큐민 가루	2.2	0.17
합계	**1257.8**	100

※ 배합(%)은 총중량 기준이며, 소수점 반올림으로 인해
　합계가 100%와 다를 수 있다.

- 돼지고기 뒷다리살 다짐육, 다진 베이컨, 돼지고기 등지방은 트레이에 고르게 펼치고, 냉동고에서 15~30분간 냉각해 온도를 0~1℃로 맞춰 사용한다.

- 사용할 천연 케이싱(양장 또는 돈장)은 미온수에 15분간 담가 염분을 제거한 뒤, 사용 직전까지 물에 담가 두어 유연성을 유지한다. (원료육 3kg 기준, 천연 케이싱 1개가 필요하다.)

- 믹싱볼고·비터는 사용 전 냉장고 또는 냉동고에 두어 충분히 냉각한다.

- 모든 장비는 소독한 뒤 완전히 건조하여 사용한다.

1. 믹싱볼에 돼지고기 뒷다리살 다짐육, 다진 베이컨, 돼지고기 등지방 다짐육, 소금, 복합 인산염을 넣고 저속으로 약 1분간 믹싱해 기본 결착을 형성한다.

2. 우유 1/3을 넣고 약 4분간 믹싱해 재료를 혼합한다.

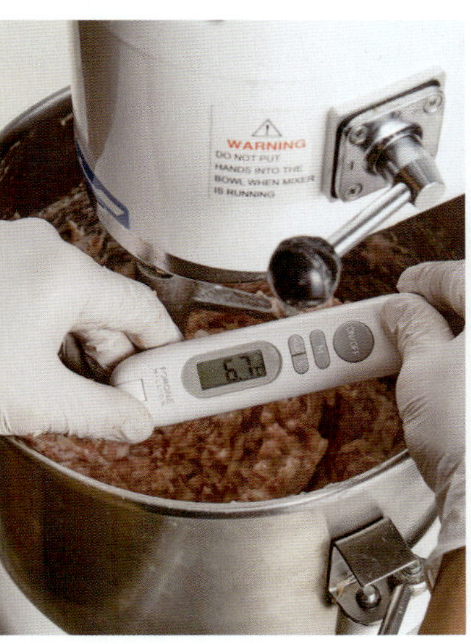

3. 남은 우유 1/2을 넣고 중속으로 믹싱하며 반죽의 찰기와 점성을 한 단계 더 끌어올린다.

4. 남은 우유를 모두 넣고 반죽 온도가 4~6℃에 도달할 때까지 믹싱한다. 이 단계에서 반죽은 윤기가 돌며 크리미한 상태를 유지해야 한다.

 환경에 따라 차이가 있을 수 있지만 8℃가 넘지 않게 마무리한다.

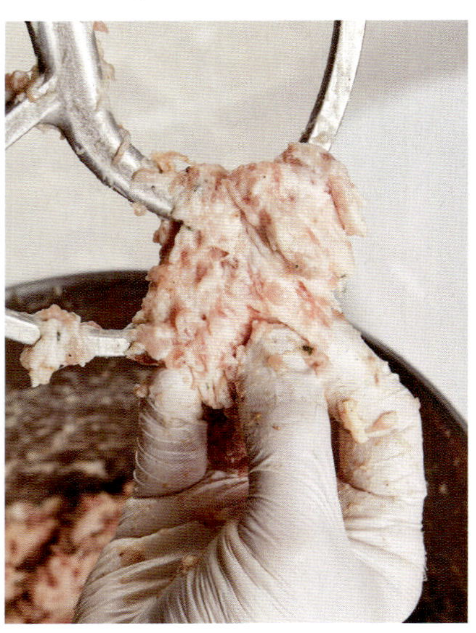

5. 나머지 재료를 모두 넣고 입자가 뭉개지지 않게 주의하며 고르게 섞는다.

6. 비터에 붙어 있는 근막은 사용하지 않는다.

7. 완성된 반죽은 손에 잡힐 만큼 덜어 여러 번 반복해 믹싱볼 안에서 공을 던지듯 내리쳐 내부 공기를 제거한다.

8. 미온수에 불려 둔 천연 케이싱을 정숫물로 헹궈 내부를 세척하고 남아 있는 소금기를 제거한다. `32p`

여기에서는 24/26 사이즈 양장을 사용했다.

9. 천연 케이싱에 반죽을 60~70% 충진하고, 손을 이용해 내부 압력을 70~80%로 높인 후, 13~15cm 간격으로 링킹한다. `33, 35p`

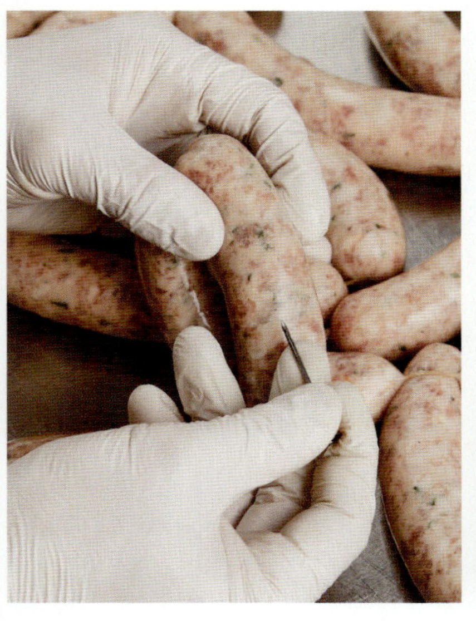

10. 케이싱 내부에 공기층이 생긴 경우 뾰족한 핀으로 찔러 공기를 제거한다.

11. 삶는 동안 링킹한 부분이 풀리지 않도록 묶는다. **36p**

12. 80~85℃의 물에서 고기 중심부 온도가 65~72℃가 될 때까지 약 15분간 가열한다.

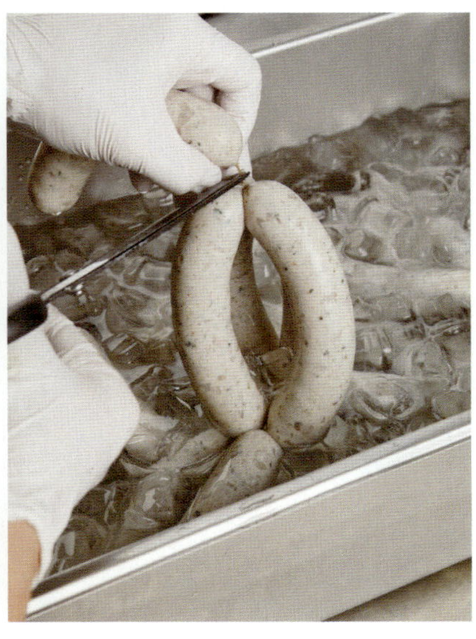

🥔 스팀 기능이 있는 컨벡션 오븐에 넣고 스팀을 주입(100%)하며 85℃에서 고기 중심부 온도가 65~72℃에 도달할 때까지 가열해도 된다.

🥔 80℃로 설정한 수비드 기계에서 고기 중심부 온도가 65~72℃가 될 때까지 익혀 완성해도 된다.

13. 가열이 끝나면 곧바로 얼음물에 담가 급속 냉각시킨다.

🥔 이때 얼음물에 담그는 시간은 5분을 넘기지 않는다.

14. 링킹을 끊고 표면의 물기를 제거한 뒤, 냉장 또는 냉동 보관한다.

🥔 완성된 소시지는 바로 취식하지 않을 경우 냉장 3일, 냉동 3주간 보관할 수 있다. 냉동한 소시지는 냉장 해동 후 조리한다.

폴란드 스타일 킬바사 소시지

킬바사 소시지는 추운 계절을 견뎌야 했던 지역 환경 속에서 자연스럽게 발전한 소시지입니다. 긴 겨울 동안 충분한 에너지를 보충하기 위해 지방 함량이 높은 음식이 필요했고, 소시지 역시 살코기보다 지방을 넉넉히 사용하는 방향으로 구성되었습니다.

다만 지방의 비율이 높아질수록 특유의 냄새와 무거움이 생기기 쉬웠기 때문에, 이를 보완하기 위해 마늘, 후추, 마조람, 올스파이스와 같은 향신료가 사용되었습니다. 이 향신료들은 단순히 지방의 잡내를 가리기 위한 장치가 아니라, 지방의 풍미를 정리하고 고기 맛을 또렷하게 드러내는 역할을 합니다.

따라서 향이 강하게 드러나는 소시지가 아닌, 지방이 충분히 들어가 있음에도 깔끔하게 먹을 수 있는 소시지로 완성됩니다. 지방을 어떻게 다루고 조절해야 하는지를 이해하는 데 좋은 예시입니다.

재료	중량(g)	배합(%)
돼지고기 뒷다리살 다짐육	700	58.7
돼지고기 등지방 다짐육	350	29.3
간 얼음	117	9.8
피클링솔트(아질산염)	1.9	0.16
복합 인산염	4.1	0.34
아스코르빈산 (비타민 C)	1.9	0.16
설탕	6	0.5
양파(100%) 분말	1.2	0.1
마늘(100%) 분말	3	0.25
후추	3.5	0.29
마조람 분말	2.9	0.24
올스파이스	1.7	0.14
합계	**1193.2**	100

※ 배합(%)은 총중량 기준이며, 소수점 반올림으로 인해
   합계가 100%와 다를 수 있다.

- 돼지고기 뒷다리살 다짐육과 등지방 다짐육은 트레이에 고르게 펼치고, 냉동고에서 15~30분간 냉각해 온도를 0~1℃로 맞춰 사용한다.

- 사용할 천연 케이싱(양장 또는 돈장)은 미온수에 15분간 담가 염분을 제거한 뒤, 사용 직전까지 물에 담가 두어 유연성을 유지한다. (원료육 3kg 기준, 천연 케이싱 1개가 필요하다.)

- 믹싱볼과 비터는 사용 전 냉장고 또는 냉동고에 두어 충분히 냉각한다.

- 모든 장비는 소독한 뒤 완전히 건조하여 사용한다.

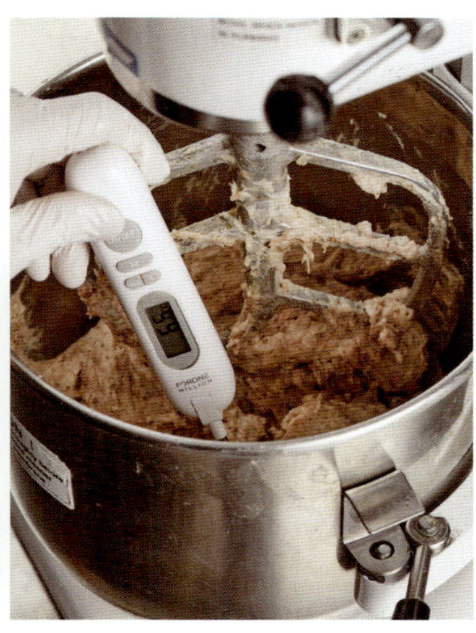

1. 믹싱볼에 돼지고기 등지방 다짐육을 제외한 모든 재료를 넣고 저속으로 약 1분간 믹싱해 기본 결착을 형성한다.

　이때 간 얼음은 1/3만 넣는다.

2. 남은 얼음의 1/2을 넣고 반죽 온도가 4~6℃가 되도록 믹싱하여 염용성 단백질을 충분히 추출한다.

3. 남은 얼음과 돼지고기 등지방 다짐육을 모두 넣고, 7~8℃ 전후가 되도록 믹싱하며 반죽이 매끄럽게 유화시켜 마무리한다.

　최종 반죽 온도는 최대 12℃를 넘기지 않도록 한다.

　반죽기 비터에 걸린 근막은 제거하고 사용하지 않는다.

4. 미온수에 불려 둔 천연 케이싱을 젓숫둘로 헹궈 내부를 세척하고 남아 있는 소금기를 제거한다. `32p`

🫘 여기에서는 24/26 사이즈 돈장을 사용했다.

5. 천연 케이싱에 반죽을 60~70%로 충진한다. `33p`

6. 손을 이용해 내부 압력을 70~80% 수준으로 높인다. `35p`

7. 24cm 간격으로 링킹한 후 양쪽을 묶어 U자 형태의 말발굽 모양으로 만든다.

8. 12cm 간격으로 링킹해 일반적인 소시지 모양으로 완성해도 좋다.

🫘 이 경우 링킹이 풀리지 않게 작업한다. `36p`

9. 충진이 끝난 소시지는 선풍기 바람 또는 냉장 건조를 통해 표면의 수분이 완전히 사라질 때까지 약 15분간 건조한다.

🥜 건조 과정을 거치면 천연 케이싱이 얇아져 훈연 과정을 거치지 않아도 질기지 않은 식감으로 완성할 수 있다. 이 과정은 보다 뽀득한 식감을 더하기 위한 선택적 공정으로, 필수 과정은 아니다.

10. 80~85℃의 물에서 고기 중심부 온도가 65~72℃가 될 때까지 약 15분간 가열한다.

🥜 좀 더 뽀득한 식감으로 완성하고자 하는 경우 스팀 기능이 있는 컨벡션 오븐에 넣고 스팀을 주입(40%)하며 80~85℃에서 고기 중심부 온도가 65~72℃에 도달할 때까지 가열해도 된다. 스팀 기능이 없는 컨벡션 오븐이라면 80~85℃로 설정한 후 3~4분간 스프레이로 물을 분사하며 중심부 온도가 65~72℃에 도달할 때까지 가열한다.

🥜 80℃로 설정한 수비드 기계에서 고기 중심부 온도가 65~72℃가 될 때까지 익혀 완성해도 된다.

11. 가열이 끝나면 곧바로 얼음물에 담가 급속 냉각한 후, 링킹을 끊고 물기를 제거해 냉장 또는 냉동 보관한다.

🥜 이때 얼음물에 담그는 시간은 5분을 넘기지 않는다.

🥜 완성된 소시지는 바로 취식하지 않을 경우 냉장 3일, 냉동 3주간 보관할 수 있다. 아질산염 사용이 제품의 보관성을 높이는 데 기여하므로, 진공 포장한 경우 냉장 3주, 냉동 4주간 보관이 가능하다. 냉동한 소시지는 냉장 해동 후 조리한다.

텀블링
잠봉

텀블링 잠봉은 독일식 코흐슁켄을 작은 매장과 개인 주방에서도 현실적으로 구현할 수 있도록 고안한 방식의 햄입니다. 기존의 코흐슁켄은 염지기나 대형 텀블러 등 대형 장비를 전제로 한 공정이 일반적이지만, 이 방식은 "이 공정을 반드시 고가의 대량 생산 장비로만 해야 하는가"라는 질문에서 출발했습니다.

기계가 수행하던 작업을 사람이 손으로 대신할 수 있도록 공정을 단순화하고, 소형 장비와 소규모 작업 환경에 맞는 생산 중량과 흐름을 다시 설계했습니다. 이론과 원리를 이해하면 복잡한 기계 없이도 고기의 상태를 손으로 느끼며 공정을 진행할 수 있도록 구성한 것이 이 레시피의 핵심입니다.

텀블링 잠봉은 공장에서 대량으로 생산되는 햄이 아니라, 작은 가게에서 직접 만들고 바로 사용할 수 있도록 제가 직접 고안하고 연구를 통해 개발한 방식입니다.

재료	중량(g)	배합(%)
돼지고기 뒷다리살	2390	72.5
돼지고기 뒷다리살 다짐육	340	10.3
정숫물	495	15
소금(정제염)	38	1.2
피클링솔트(아질산염)	5.3	0.16
복합 인산염	14.2	0.43
아스코르빈산(비타민 C)	10.9	0.33
설탕	5.3	0.16
합계	**3298.7**	100

※ 배합(%)은 총중량 기준이며, 소수점 반올림으로 인해 합계가 100%와 다를 수 있다.

PREPARATION

- 물, 소금, 피클링솔트, 복합 인산염, 아스코르빈산, 설탕은 블렌더로 충분히 용해해 염지액을 만든다.

- 믹싱볼과 비터는 사용 전 냉장고 또는 냉동고에 두어 충분히 냉각한다.

- 모든 장비는 소독한 뒤 완전히 건조하여 사용한다.

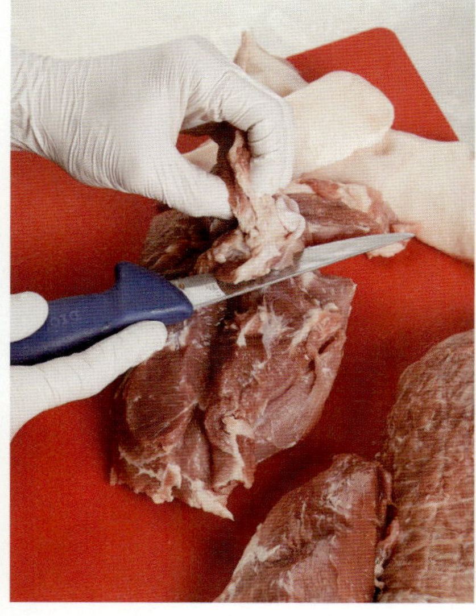

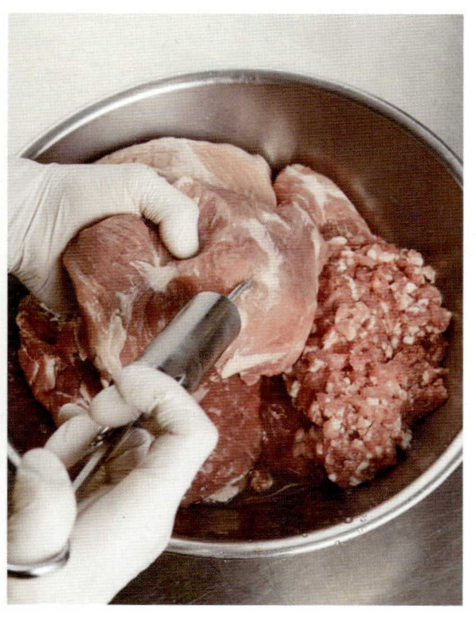

1. 돼지고기 뒷다리살은 핏물과 과도한 지방을 제거한 뒤, 일정한 크기로 큼직하게 썬다.

보통 업장에서는 단가가 낮은 뒷다리살을 사용하지만, 앞다리살이나 등심을 사용해도 좋다. 지방 함량이 높은 앞다리살은 풍미를 더하기에 적합하고, 원육 손질 부담을 줄이기 위해서는 등심 사용이 적합하다.

2. 돼지고기 뒷다리살과 다짐육은 트레이에 고르게 펼치고, 냉동고에서 15~30분간 냉각해 온도를 0~1℃로 맞춰 준비한다.

3. 염지 주사기를 이용해 준비한 염지액을 돼지고기 뒷다리살에 고르게 주입한다.

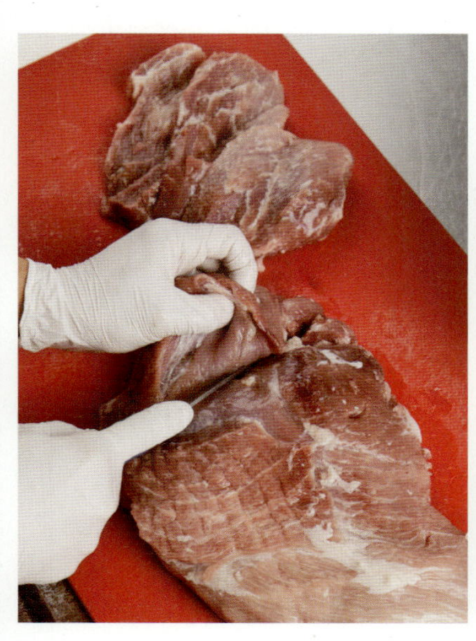

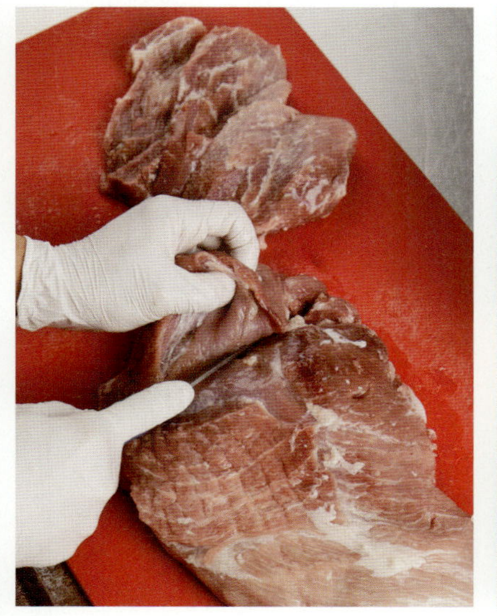

4. 고기 결 방향을 살려 너무 얇지 않게 일정한 두께로 포를 뜨듯 자른다.

5. 통에 고기와 흘러나온 염지액을 모두 담고 밀폐한 뒤 냉장고에서 하루 염지해 사용한다. 염지액 주입이 고르게 이루어진 경우에는 바로 텀블링 작업에 들어가도 좋으며, 이때 흘러나온 염지액도 함께 사용한다.
염지 과정에서 고기와 함께 점액질 형태의 염지액이 형성된다.

염지는 최대 7일까지 가능하다. 다만, 염지 기간이 짧을수록 제품의 품질이 더 좋게 완성되므로 염지액을 고르게 주입해 염지 시간을 가능한 한 짧게 하는 것이 바람직하다.

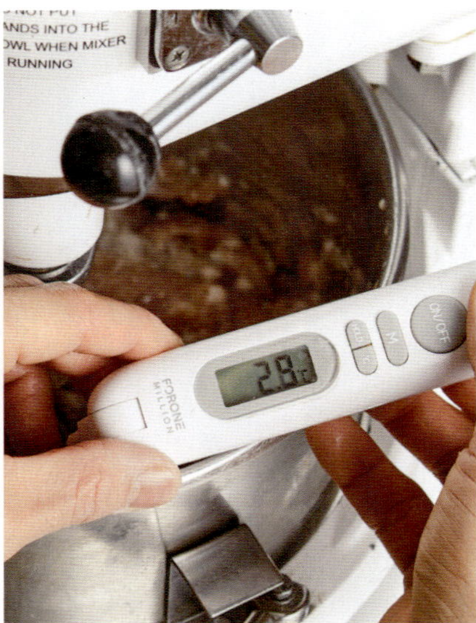

6. 훅을 장착한 반죽기에 염지한 고기를 넣고 저속으로 약 1분간 믹싱해 고기 표면의
수분을 정리한다. 이 단계에서는 반죽 온도를 약 2℃로 유지한다.

7. 이후 중속으로 올려 약 3분간 믹싱해 고기 표면에 하얀 점액질이 나타날 때까지 진행한다. 이 단계에서는 반죽 온도를 약 4~6℃로
유지한다.

◯ 두 번째 사진에서 보이는 하얀 점액질은 염용성 단백질이다.

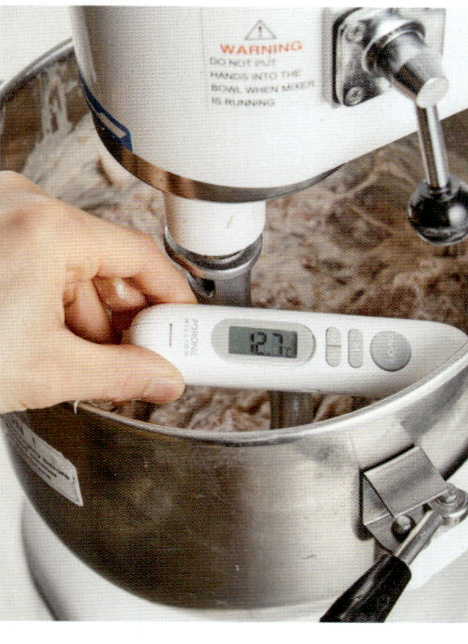

8. 반죽 일부를 손에 붙인 뒤 거꾸로 들어 10초 이상 떨어지지 않는 상태인지 확인한다.

9. 이후 약 4분간 추가로 믹싱해 고기 내부의 지방과 수분이 안정적으로 유화되도록 한다. 이 단계에서는 반죽 온도를 8~12℃로 유지한다.

성형

10. 식품용 PE비닐이나 PE지퍼백에 반죽을 조금씩 나눠 넣으며 최대한 공기가 들어가지 않게 담는다.

🐽 이 상태로 용기에 그대로 넣어도 되며, 여기에 햄 네트망을 한 번 더 씌우면 162p 사진과 같이 네트망 무늬가 있는 잠봉이 완성된다. (18 사이즈 햄 네트망을 사용했다.)

11. 형태 유지를 위해 원통형 용기에 밀도 있게 담는다.

🐽 여기에서는 지름 17.5cm, 높이 18cm의 스탠 육수망을 사용했다. 이 크기의 통에 약 3.3kg의 반죽을 담으면 뚜껑이 타이트하게 닫히며, 최종적인 모양과 밀도가 적합한 잠봉으로 완성된다. 작업량에 따라 통의 크기는 달라질 수 있지만, 뚜껑이 단단히 닫힐 정도로 통의 용량보다 좀 더 많은 양을 압력 있게 채워야 형태와 밀도를 안정적으로 구현할 수 있다. (가정용 또는 연습용으로 소량 만들 경우 반죽 총량 1.3kg 기준 지름 10cm, 높이 13.5cm 용기가 적합하다.)

12. 85℃로 설정한 수비드 기계에서 약 2~3시간 익히다가 고기 중심부 온도가 65℃에 도달하면, 설정 온도를 65℃로 낮추고 30분간 그대로 두어 안정적인 상태로 마무리한다.

🥕 80℃의 물에서 고기 중심부 온도가 65~72℃가 될 때까지 가열해도 된다.

🥕 스팀 기능이 있는 컨벡션 오븐(80℃)에 넣고 스팀을 주입(100%)하며 고기 중심부 온도가 65~72℃에 도달할 때까지 (약 3시간) 가열해도 된다.

13. 가열이 끝나면 곧바로 얼음물에 담가 빠르게 식힌 뒤, 냉장고(2℃ 이하 권장)에 보관해 중심부까지 냉장 온도로 낮아지면 사용한다.

◇ 남은 반죽 사용법

상황에 따라 반죽이 남는 경우, 지퍼백에 담아 넓게 펼쳐 냉동 보관한 뒤 다음 반죽 시 일부를 추가해 사용할 수 있다.

 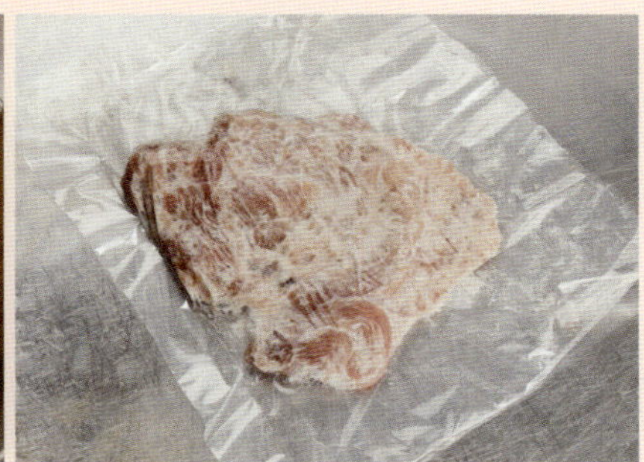

◇ 텀블링 잠봉 용기 선택과 충진 기준

이 책에서 텀블링 잠봉은 밀도 있는 형태로 완성하기 위해 스탠 육수망을 사용한다. 중량에 맞는 용기를 선택한 뒤, 용기 기준 용량보다 10% 이상 많은 배합 중량을 계량해 빈틈없이 눌러 담으면 된다.

본 레시피에서는 약 3.3kg의 반죽을 지름 17.5cm, 높이 18cm 스탠 육수망 통에 담아 작업했다. 가정용 또는 연습용으로 소량 만들 경우 반죽 총량 1.3kg 기준 지름 10cm, 높이 13.5cm 스탠 육수망을 사용하는 것을 추천한다.

잠봉 충진

본레스 로스트 햄과

크로크 마담

크로크 무슈와 크로크 마담은 프랑스에서 바쁜 일상 속에서도 빠르게 한 끼를 해결하기 위해 만들어진 따뜻한 샌드위치입니다. 기본이 되는 크로크 무슈는 빵 사이에 햄과 치즈를 넣고 베샤멜 소스를 더해 오븐이나 팬에서 구워내는 음식으로, 차갑게 먹는 일반적인 샌드위치와 달리 속까지 따뜻하게 데워지는 것이 특징입니다. 빵, 햄, 치즈, 소스라는 단순한 구성만으로도 포만감과 영양을 함께 채울 수 있어 카페나 비스트로, 브라세리에서 오랫동안 사랑받아 온 요리이기도 합니다.

크로크 마담은 크로크 무슈 위에 달걀을 하나 더 얹은 형태로, 반숙 상태의 달걀이 더해지면서 한 끼 식사로서의 완성도가 더욱 높습니다. 기본 재료는 같지만 달걀 하나로 음식의 성격이 달라지며, 보다 든든한 식사를 원하는 손님에게 적합한 선택지가 됩니다.

이 두 메뉴는 화려한 요리는 아니지만, 짧은 시간 안에 조리할 수 있으면서도 누구나 이해하기 쉬운 맛을 지닌 음식입니다. 크로크 무슈와 크로크 마담은 단순한 햄·치즈 샌드위치를 넘어, 빠르게 제공되면서도 따뜻하고 완성도 있는 식사를 구현하는 프랑스식 브런치의 대표적인 메뉴입니다.

베샤멜 소스◆

버터	20g
밀가루	20g
우유	220g
소금	1.5g
넛맥	약간

* 소량 제조가 어려워 넉넉하게 잡은
  배합이다.

1. 냄비에 버터를 넣고 중약불에서 완전히 녹인다.

2. 밀가루를 넣고 덩어리가 생기지 않도록 섞어 루를 만든다. 이때 색이 나지 않도록
   주의한다.

   밀가루는 강력분, 중력분, 박력분 모두 사용 가능하다.

3. 찬 우유를 여러 번 나누어 넣으며 거품기로 풀어준다.

4. 약불에서 계속 저어 가며 가열해 농도를 낸다.

5. 소금과 넛맥으로 간을 맞춘다.

   넛맥이 없을 경우 디종 머스터드 6g으로 대체한다.

크로크 마담

본레스 로스트 햄(137p)	50g
캉파뉴	2장
베샤멜 소스◆	80g
홀그레인 머스터드	4g
그뤼에르 치즈 또는 에멘탈 치즈	40g
달걀	1개
후추	적당량

1. 캉파뉴 한 쪽 면에 베샤멜 소스(40g)를 고르게 바른다.

2. 다른 면에는 홀그레인 머스터드를 고르게 바른다.

본레스 햄의 염도가 낮아 크로크무슈의 전체적인 간이 개인에 따라 약하게 느껴질 수 있다. 이 경우 치즈의 염도로 간을 보완할 수도 있으나, 홀그레인 머스터드를 1인분 기준 최대 8g까지 빵에 고르게 발라 사용하는 것을 권장한다.

3. 베샤멜 소스를 바른 캉파뉴 위에 두께 1.4mm로 썬 본레스 로스트 햄을 올린다.

 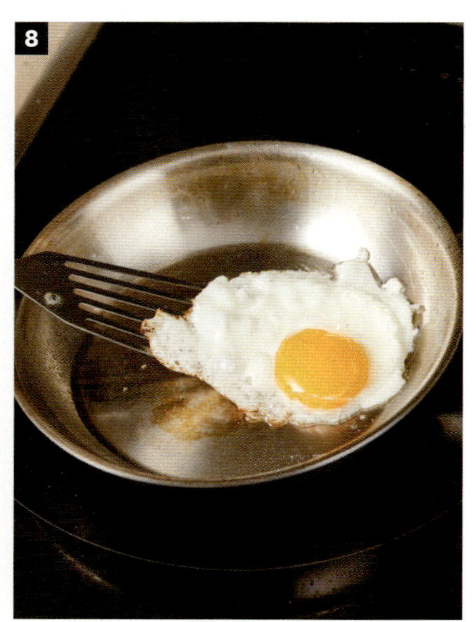

4. 그뤼에르 치즈 또는 에멘탈 치즈(20g)를 뿌린다.

5. 홀그레인 머스터드가 발라진 쪽이 안으로 가도록 캉파뉴를 덮은 후 윗면에 베샤멜 소스(40g)를 바른다.

6. 그뤼에르 치즈 또는 에멘탈 치즈(20g)를 뿌린다.

7. 180℃로 예열한 오븐에서 7~8분간 구운 후, 표면에 올리브오일을 얇게 발라 코팅한다.

8. 크로크 마담으로 완성할 경우 반숙으로 익힌 달걀을 올리고 후추를 뿌려 마무리한다.

크로크 마담
크로크 무슈

약드부어스트

치아바타 샌드위치

약드부어스트는 고기, 지방, 수분이 안정적으로 결합된 유화형 반죽으로, 이 반죽은 무엇에 담아 익히느냐에 따라 쓰임이 달라집니다. 천연 창자에 충진하면 소시지가 되고, 인조 케이싱이나 몰드에 담아 익히면 슬라이스해 사용하는 햄이 됩니다. 반죽은 같지만 형태와 사용 방식만 달라지는 것입니다.

이러한 구조는 업장에서 큰 장점이 됩니다. 하나의 공정만으로 소시지 메뉴와 햄 메뉴를 동시에 운영할 수 있기 때문입니다. 또한 같은 레시피를 기준으로 하되 고기, 지방, 수분의 비율을 조절하면 식감과 용도가 다른 소시지로도 충분히 변형할 수 있습니다.

약드부어스트는 오래 숙성하거나 복잡한 조리를 필요로 하지 않습니다. 이미 부드럽게 완성된 반죽이기 때문에 현장에서는 썰고, 데우고, 굽는 정도의 간단한 작업만으로 메뉴를 완성할 수 있습니다. 이로 인해 바쁜 시간대에도 조리가 빠르고 품질이 흔들리지 않습니다.

약드부어스트의 장점은 특별한 기술에 있는 것이 아니라 하나의 재료로 여러 메뉴를 구성할 수 있다는 점에 있습니다. 그렇기 때문에 여기에서 소개하는 치아바타 샌드위치와 같은 간단한 식사 메뉴를 효율적으로 운영하려는 업장에서 활용하기 좋은 재료라고 할 수 있습니다.

마늘 콩피 오일◆

해바라기유 또는 카놀라유	300g
껍질을 벗긴 통마늘	200g

* 소량 제조가 어려워 넉넉하게 잡은 배합이다.

1.　냄비에 해바라기유와 통마늘을 넣고 아주 약한 불에서 약 10분간 가열한다.

2.　마늘이 연한 갈색으로 익으면 체에 걸러 마늘과 오일을 분리하고 식힌 뒤 냉장고에 보관하며 사용한다.

🌮 기호에 따라 향신료나 허브를 첨가해도 좋다.

마늘 토마토 스프레드◆

마늘 콩피 오일◆	15g
선드라이 토마토	15g
마요네즈	60g

1.　마늘 콩피 오일, 큼직하게 썬 선드라이 토마토, 마요네즈를 준비한다.

2.　마늘이 지나치게 으깨지지 않도록 주의하며 주걱으로 가볍게 섞는다.

🌮 재료의 입자감과 풍미가 살아 있도록 유지하는 것이 중요하다.

샌드위치

치아바타	1개
마늘 토마토 스프레드◆	45g
프릴아이스	20g
토마토	1/2개
하바티 치즈	15g
약드부어스트(143p)	80g
적양파	8g

1. 치아바타는 길이 방향으로 잘라 벌린다.

2. 안쪽 면에 마늘 토마토 스프레드를 바른다.

3. 프릴아이스 - 슬라이스한 토마토 − 하바티 치즈 순서로 채운다.

4. 두께 1.5mm로 슬라이스한 약드부어스트를 겹치듯 올린 후 채 썬 적양파를 올려 마무리한다.

채 썬 적양파는 얼음물에 담가 매운맛을 제거한 뒤 물기를 제거해 사용한다.

모르타델라

포카치아
샌드위치

이 샌드위치는 모르타델라가 지닌 본질적인 매력을 가장 단순하고 정직한 방식으로 풀어낸 메뉴입니다. 아주 곱게 유화된 고기 반죽 속에 지방의 단맛을 품은 모르타델라는 강한 향신료나 훈연 없이도 충분한 풍미를 지닌 햄입니다. 이러한 부드러운 질감과 본연의 맛을 살리기 위해 부드러운 포카치아를 선택했습니다.

마늘을 천천히 우려낸 풍미 오일은 향을 앞세우기보다 햄의 지방을 자연스럽게 확장시키는 역할을 하며, 드라이 토마토를 더한 마요네즈는 느끼함을 정리해 주는 산미와 감칠맛의 중심이 됩니다. 여기에 스트라차텔라를 얹어 모르타델라와 포카치아 사이를 부드럽게 연결하고, 마지막으로 피스타치오를 곱게 갈아 올려 이탈리아식 모르타델라의 전통적인 요소를 시각과 식감으로 완성했습니다. 한 입마다 모르타델라의 질감과 지방의 단맛, 산미와 고소함이 차분하게 이어지도록 설계된 샌드위치입니다.

INGREDIENTS

포카치아	1개
모르타델라(149p)	80g
마늘 토마토 스프레드 (178p)	20g
스트라차텔라	50g
피스타치오 크럼블	적당량
마늘 콩피 오일(178p)	적당량
후추	적당량

1. 포카치아를 반으로 자른 후 한 쪽 면에 마늘 토마토 스프레드를 바른다.

2. 두께 1.4mm로 썬 모르타델라를 접듯이 올려 부피감이 느껴지게 쌓는다.

3. 스트라차텔라를 퍼뜨리지 않고 자연스럽게 올린다.

4. 피스타치오 크럼블을 올린다.

5. 마늘 콩피 오일과 후추를 뿌린 뒤, 포카치아를 덮어 마무리한다.

이탈리안 비앙코 소시지

크림 파스타

이탈리안 비앙코 소시지는 베이컨과 돼지고기를 함께 사용해 베이컨의 풍미를 소시지 안에 담아내며, 우유와 파르미자노 레자노 치즈, 굵은 후추를 더해 크림 파스타와 자연스럽게 어울리는 조합을 완성한 메뉴입니다.

팬에서 소시지를 볶는 과정에서 우러난 베이컨과 지방은 마늘, 양파, 버섯의 향을 받아 소스의 베이스가 됩니다. 여기에 크림과 육수를 더해 지나치게 무겁지 않으면서도 깊이 있는 맛의 소스를 완성합니다. 마지막으로 올려진 수비드 달걀은 장식이 아닌 소스의 일부이자 마무리 요소입니다. 노른자가 터지며 파스타와 섞이는 순간, 이 요리는 비로소 완성됩니다.

이 까르보나라 파스타는 크림을 과하게 사용한 파스타가 아니라, 돼지고기와 치즈, 달걀이 만들어내는 정통적인 까르보나라의 구조를 현대적인 방식으로 해석한 메뉴입니다.

수란

물	적당량
식초	적당량
달걀	1개

* 식초는 물 기준 1.5% 양으로
　사용한다.

1. 냄비에 물을 넣고 끓기 시작하면 물 대비 1.5%의 식초를 넣는다.

2. 물이 끓어 기포가 올라오는 상태에서 달걀을 깨지지 않도록 조심스럽게 넣는다.

3. 불을 조절해 물의 기포가 달걀을 감싸며 자연스럽게 위로 떠오르도록 상태를 유지한다.

4. 약 3분 30초간 익힌다. 완성된 수란은 흰자가 노른자를 고르게 감싸고 노른자는 부드럽게 흐르는 상태가 이상적이다.

파스타 삶기

물	600g
소금	6g
스파게티 건면	약 70g

1. 냄비에 물과 소금을 넣고, 물이 완전히 끓으면 면을 넣고 삶는다.

🌮 물은 면 중량의 최소 8배 이상을 사용하며, 소금은 물 대비 1% 양으로 사용한다.

🌮 제조사 권장 시간보다 1분 짧게 삶아 알덴테 상태로 준비한다.

2. 알덴테 상태로 삶아진 면을 건져 낸다.

🌮 삶은 면은 물에 헹구지 않으며, 면수는 버리지 않고 일부를 남겨 둔다.

3. 만약 바로 사용하지 않는다면, 면이 불거나 서로 붙는 것을 방지하기 위해 소량의 올리브오일에 버무린다. 이후 상온에서 3~5분간 휴지시킨 뒤, 선풍기를 사용하거나 저온의 공간에서 단시간에 열기를 식힌다.

파스타

버터	6g
마늘	4g
양파	30g
양송이	60g
이탈리안 비앙코 소시지(155p)	80g
소금	적당량
후추	적당량
휘핑크림(동물성) 또는 생크림	240g
면수 또는 치킨 육수	180~240g
트러플 크림	16g
파르미지아노 레지아노 치즈	4g
그라나 파다노 치즈	2g
파슬리	1g

1. 팬을 중불로 달군 뒤 버터를 넣고 녹인다.

2. 다진 마늘과 다진 양파를 넣어 향이 올라올 때까지 볶는다.

3. 슬라이스한 양송이와 이탈리안 비앙코 소시지를 넣어 볶는다.

4. 소시지가 노릇하게 익으면 소금과 후추로 간을 한다.

5. 휘핑크림, 면수, 트러플 크림, 강판에 간 파르미지아노 레지아노 치즈와 그라나 파다노 치즈를 넣는다.

6. 삶은 스파게티를 더해 중불에서 졸이며 익힌다.

🌮 소스의 농도와 간은 치킨 육수나 면수로 조절한다.

7. 면과 소스가 고르게 어우러지면 접시에 담은 후 수란을 올리고 다진 파슬리와 후추를 뿌려 마무리한다.

🌮 기호에 따라 트러플 오일을 소량 뿌려도 잘 어울린다.

폴란드 스타일 킬바사 소시지와

매시드 포테이토

킬바사 소시지와 매시드 포테이토의 조합은 추운 지역의 식문화 속에서 자연스럽게 완성된 한 접시입니다. 지방 함유량이 높은 킬 바사 소시지는 그 자체로도 충분한 풍미를 지니고 있지만, 그대로 먹기보다는 전분이 풍부한 감자와 함께했을 때 가장 안정적인 균 형을 이룹니다.

부드럽게 으깬 감자는 킬바사에서 흘러나오는 지방을 흡수하면서 도 맛을 무겁게 만들지 않고, 오히려 향신료의 풍미를 고르게 퍼뜨 리는 역할을 합니다. 여기에 버터와 크림을 더한 매시드 포테이토 는 소시지의 짠맛과 향을 부드럽게 감싸 주며, 한 입마다 지방이 튀 지 않고 둥글게 정리된 맛을 만들어 줍니다.

이 요리는 소시지를 주인공으로 두면서도, 감자를 통해 지방을 다 루는 방식을 보여주는 접시입니다. 킬바사 소시지를 곁들인 매시 드 포테이토는 단순히 배를 채우는 음식이 아니라, 지방이 많은 소 시지를 끝까지 편안하고 맛있게 즐길 수 있는 방법을 가장 직관적 으로 보여주는 요리입니다.

캐러멜라이징 양파♦

식용유	적당량
적양파	1kg
발사믹 비네거	8g

* 소량 제조가 어려워 넉넉하게 잡은
배합이다.

1. 식용유(약 15g)를 두른 팬에 두께 약
   0.3cm로 슬라이스한 적양파를 넣은 뒤
   뚜껑을 덮어, 약불에서 양파의 수분이
   빠질 때까지 익힌다. 수분이 나오기
   시작하면 뚜껑을 열고 불을 강하게
   올려 수분을 날리면서 단맛이 올라올
   때까지 볶는다.

   이 과정을 반복해 더 이상 수분이 나오지
   않게 되면 양파는 잼과 같은 상태가 된다.

2. 완성된 캐러멜라이징 양파는 불에서
   내린 뒤 발사믹 비네거를 섞어 사용한다

벨루테 소스♦

버터	40g
밀가루	10g
물 또는 채수	50g
액상 치킨 스톡(메기)	4g
홀그레인 머스터드	적당량
레몬즙	적당량

1. 가열한 팬에 버터를 녹이고 밀가루를 넣은 후 중불에서 쿠키 향이 날 때까지
   주걱으로 충분히 저어가며 익힌다.

   밀가루는 강력분, 중력분, 박력분 모두 사용 가능하다.

2. 물과 액상 치킨 스톡을 넣고 가열해 농도를 맞춘다.

3. 불을 끄고 홀그레인 머스터드와 레몬즙을 넣고 섞어 마무리한다.

   소스가 식으면 되직해지므로, 채수나 물을 추가해 데워 농도를 맞춘다.

매시드 포테이토◆

껍질 벗긴 감자	500g
물	2L
소금A	10g
넛맥	적당량
월계수잎	2g
버터	60g
휘핑크림(동물성) 또는 생크림	100g
물 또는 채수	80g
소금B	2g

* 소량 제조가 어려워 넉넉하게 잡은 배합이다.

1. 냄비에 껍질 벗긴 감자, 물, 소금A, 넛맥, 월계수잎을 넣고 익힌다. 감자가 완전히 익으면 체에 거른 후 다시 냄비에 익힌 감자, 휘핑크림, 물, 소금B를 넣고 약 15분간 끓인다.

🌮 물 대신 채수를 사용할 경우 물과 자투리 채소(양파, 당근, 무, 셀러리 등)를 약불에서 약 30분간 끓인 후 면보나 고운 체에 걸러 사용한다.

2. 버터를 포함한 모든 재료를 블렌더에 넣고 곱게 간다.

🌮 감자는 품종과 계절에 따라 전분 함량과 찰기가 달라질 수 있으므로, 채수는 절반만 사용해 먼저 갈아 농도를 확인한다. 이후 필요에 따라 채수나 휘핑크림을 추가해 농도를 맞춘다.

폴란드 스타일 킬바사 소시지

식용유	적당량
폴란드 스타일 킬바사 소시지(161p)	3개
매시드 포테이토◆	100g
캐러멜라이징 양파◆	40g
벨루테 소스◆	30g
삶은 완두콩	15g
파슬리	소량
후추	소량
올리브오일	적당량

1. 소량의 식용유를 두른 팬에 폴란드 스타일 킬바사 소시지를 넣고 중불에서 굴리듯이 구워, 겉면이 노릇해지고 내부까·지 충분히 데워질 때까지 조리한다.

2. 접시 바닥에 매시드 포테이토를 넉넉히 깔고 캐러멜라이징 양파를 소량 올린 후 소시지를 올린다.

3. 벨루테 소스를 매시드 포테이토 주변에 흐르듯 둘러준 후 삶은 완두콩을 더한다.

4. 취향에 따라 여분의 캐러멜라이징 양파를 얹고, 다진 파슬리, 후추, 올리브오일을 뿌려 마무리해도 좋다.

텀블링 잠봉

더치 베이비 팬케이크

잠봉은 달콤한 디저트와 함께 사용되는 경우가 많지만, 본질적으로는 달걀과 잘 어울리는 샤퀴테리입니다. 강한 향이나 자극적인 맛보다는 고기 자체의 담백함과 절제된 염도를 지니고 있어, 노른자의 고소함과 만나 맛의 균형이 분명해지기 때문입니다.

이 브런치는 디저트가 아닌, 잠봉을 중심에 둔 달걀 수란 브런치로 구성했습니다. 더치 베이비 팬케이크는 단맛을 강조하기보다 달걀과 버터의 풍미를 살린 베이스로 사용해, 잠봉과 수란이 자연스럽게 어우러지도록 설계했습니다.

잠봉이 왜 달걀과 잘 어울리는지, 왜 단맛보다 고소한 조합이 적합한지를 이 한 접시에서 직관적으로 보여주고자 합니다. 이 구성은 잠봉이 반찬이나 곁들이는 재료가 아니라, 식사의 중심이 될 수 있음을 분명하게 드러내는 요리입니다.

팬케이크 반죽

달걀(실온 상태)	3개
중력분	100g
우유	100g
설탕	18g
소금	2g
바닐라 에센스	3g

기타

수란(186p)	1개
루꼴라	6g
잠봉	50g
그라나 파다노 치즈	적당량

1. 오븐에 넣어 충분히 예열된 팬에 버터(약 5g)를 넣고 녹인다.

2. 팬케이크 반죽을 팬 중앙에 붓는다.

🌮 오븐 사용이 가능한 스킬렛이나 주물팬을 준비한다.

🌮 팬케이크 반죽은 모든 재료를 믹서기에 넣고 곱게 갈아 만든다. 이때 사용하는 달걀은 반드시 실온에서 30분 이상 둔 것을 사용한다. 차가운 달걀을 사용할 경우 반죽의 유화가 불안정해지고 팽창력이 떨어지기 때문이다.

3. 미리 예열해둔 230℃의 오븐에 팬째 넣고 약 7분간 굽는다.

🌮 가장자리가 크게 부풀어 오르고, 중앙은 부드럽고 촉촉하며, 표면이 연한 골든브라운 색이 되면 완성한다. 굽는 동안 오븐 문은 열지 않는다.

4. 완성된 팬케이크 위에 수란, 루꼴라, 잠봉을 올린 후 그라나 파다노 치즈를 뿌려 마무리한다.

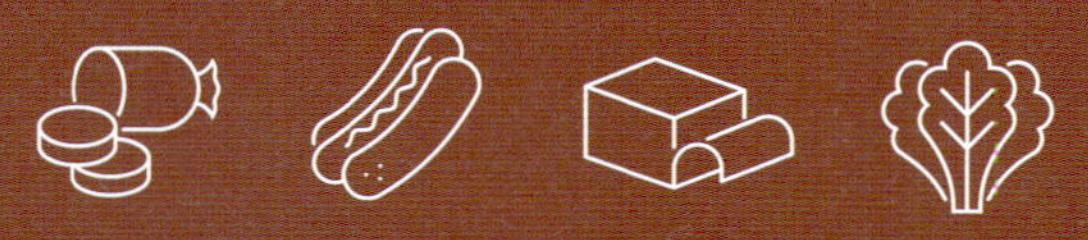

프로페셔널 샤퀴테리

·

발효·건조·숙성·훈연의 기술

샤퀴테리를 배우는 많은 사람들이 발효, 숙성, 훈연을 하나의 완성된 제품이나 레시피의 결과로 이해하는 경우가 많습니다. 그러나 실제 현장에서 제품을 만들다 보면 같은 재료를 사용하더라도 발효 환경, 숙성 시간, 훈연 방식에 따라 결과가 크게 달라집니다. 이때 중요한 것은 레시피 자체보다 고기가 시간 속에서 어떻게 변화하고 있는지를 이해하는 일입니다.

이 파트는 단순히 발효 소시지나 훈제 햄의 레시피를 설명하기 위해 구성한 부분이 아닙니다. 고기가 시간이 지나며 어떤 원리로 변화하고, 그 변화가 맛과 향, 보존성에 어떤 영향을 주는지를 이해하기 위한 기본 기술을 정리했습니다.

샤퀴테리는 결국 시간을 다루는 음식입니다. 소금과 미생물, 공기와 연기가 함께 작용해 하나의 제품이 완성됩니다. 따라서 레시피에만 의존하기보다는, 그 바탕이 되는 원리와 기술을 먼저 이해하는 데 초점을 두는 것이 중요합니다.

건조 숙성 샤퀴테리와
발효 건조 샤퀴테리의 차이

샤퀴테리의 숙성 방식은 크게 발효 중심인지, 건조 중심인지에 따라 구분할 수 있습니다. 두 방식은 서로 다른 개념이며, 각각의 목적과 작용이 다릅니다.

건조 숙성 샤퀴테리는 수분을 서서히 제거하는 과정에 중심을 둔 방식입니다. 시간에 따라 수분이 빠지면서 조직이 치밀해지고 풍미가 농축되며, 수분 활성 감소를 통해 자연스럽게 보존성이 확보됩니다. 프로슈토, 관찰레, 코파와 같은 통육 형태의 건조 숙성 햄이 대표적입니다.

반면, 발효 건조 샤퀴테리는 미생물의 작용을 통해 맛과 안정성을 형성하는 방식입니다. 유산균 등이 당을 분해하며 산을 생성하고, 이 과정에서 pH가 낮아지면서 보존성이 높아지고 특유의 산미와 풍미가 만들어집니다.
대표적으로 살라미, 초리조와 같은 발효 소시지류가 이에 해당합니다.

중요한 점은, 많은 제품이 발효와 건조 과정을 함께 거친다는 것입니다. 발효는 풍미와 안정성을 형성하는 초기 단계이고, 건조는 이를 완성하고 장기 보존이 가능하도록 만드는 과정입니다.

따라서, 발효는 미생물에 의한 변화이고, 건조는 수분 감소에 의한 변화라 볼 수 있습니다. 이 두 과정은 구분되는 개념이지만, 실제 샤퀴테리 작업에서는 함께 작용하며 최종적인 품질을 결정합니다.

건조 숙성 샤퀴테리의 이해

❶ 건조 숙성 샤퀴테리의 개념

건조 숙성 샤퀴테리는 고기를 단순히 말려 보존하는 방식이 아닙니다. 이 공정의 핵심은 고기 내부에서 일어나는 수분, 염분, 단백질의 이동을 어떻게 설계하느냐에 있습니다. 이 과정에서 시간은 맛을 만들어 내는 요소가 아니라, 고기 내부 구조를 재배열하는 조건으로 작동합니다. 구조 변화에 대한 이해 없이 진행된 건조 숙성은 짜고 딱딱한 결과로 이어지기 쉽습니다.

❷ 삼투압의 시작: 염지와 수분의 이동

건조 숙성 샤퀴테리에서 염지는 삼투압을 시작하는 단계입니다. 고기 표면에 소금을 적용하면 고기 내부의 수분은 염도가 낮은 쪽에서 높은 쪽으로 이동합니다. 이 과정은 김치 제조에서 배추를 절일 때 수분이 빠져나오는 원리와 동일합니다.

이때 이동하는 것은 단순한 수분만이 아닙니다. 자유 수분이 정리되면서 고기 조직의 밀도가 점차 형성되고, 이후 숙성과 건조를 견딜 수 있는 구조로 전환됩니다. 수분 이동이 지나치게 빠르면 표면만 건조되고 내부는 불안정해질 수 있으므로, 초기 단계에서는 습도 조절이 핵심 관리 요소가 됩니다. 이는 배추 절임에서 숨을 죽이는 시간과 같은 개념입니다.

❸ 염지 이후 단백질 구조의 재배열

염지가 진행되면 고기 내부의 근육 단백질, 특히 미오신과 액틴을 중심으로 한 구조가 재배열되기 시작합니다. 이 단계에서 단백질은 생고기 상태의 단단한 배열에서 벗어나, 건조와 숙성을 견딜 수 있는 안정된 구조로 전환됩니다.

이 변화는 즉각적인 맛의 변화로 인지되지는 않지만, 이후 숙성 과정에서 감칠맛이 형성될 수 있는 기반이 됩니다. 따라서 염지는 간을 맞추는 단계가 아니라, 단백질 구조를 숙성 가능한 상태로 정렬하는 준비 공정입니다.

염지는 간을 하는 과정이 아니라
고기를 숙성 가능한 상태로 바꾸는 준비 단계입니다.

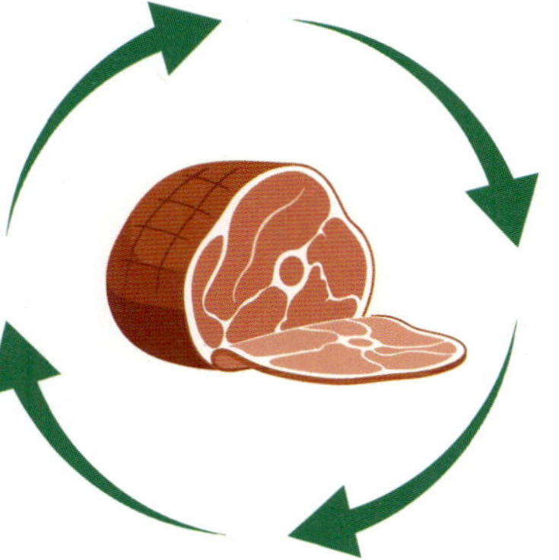

❹ 건조에 따른 수분 감소와 풍미 농축

건조 숙성 과정에서 고기의 중량은 감소하지만, 풍미 성분은 줄어들지 않습니다. 오히려 아미노산, 핵산, 지방에서 유래한 풍미 성분은 상대적으로 농축됩니다. 이로 인해 통육 샤퀴테리는 짠맛이 강해지는 방향이 아니라, 감칠맛과 맛의 밀도가 높아지는 방향으로 변화하게 됩니다.

이 과정에서 목표 수율 설정이 중요합니다. 일반적으로 수율 65% 전후는 수분은 과하지 않게 빠지고, 단백질과 지방 구조는 안정적으로 유지되며, 슬라이스 시 조직이 무너지지 않는 균형 구간으로 평가됩니다.

❺ 건조 숙성 샤퀴테리의 대표적 형태

건조 숙성 샤퀴테리는 사용하는 부위와 지방 비율에 따라 서로 다른 성격의 결과물로 완성됩니다.

부위	대표 샤퀴테리	국가	지방 함유량	맛의 핵심
등심	론자(Lonza), 로모(Lomo)	이탈리아, 스페인	10%	담백함, 정제된 풍미
뒷다리살	프로슈토(Prosciutto), 하몬(Jamón)	이탈리아, 스페인	20%	지방과 살코기의 대비, 감칠맛
목살	코파(Coppa)	이탈리아	30%	지방과 살코기의 균형, 풍부한 풍미
삼겹살	판체타(Pancetta)	이탈리아	40%	지방의 고소함, 조리 활용도
항정살	관찰레(Guanciale)	이탈리아	50%	지방의 단맛, 까르보나라의 대표 재료

SE LIBÉRER DU M

3

발효 건조 샤퀴테리의 이해

❶ 발효 건조 샤퀴테리의 개념

발효 건조 샤퀴테리는 고기를 분쇄한 뒤 소금, 향신료, 기능성 첨가물을 혼합해 케이싱에 충진하고, 열처리 없이 발효와 건조만으로 완성하는 비가열 육가공품입니다. 이는 단순한 보존 방식이 아니라, 미생물 작용과 건조를 통해 풍미를 재구성하는 공정입니다. 이 파트에서 다루는 초리조의 경우 살라미와 같은 발효 건조 소시지이지만, 훈제 파프리카를 중심으로 한 향신료 구성이 특징입니다. 이는 단순히 고기를 보존하는 방법이 아니라, 발효와 숙성을 통해 풍미를 재구성한 결과물입니다.

❷ 발효 건조 샤퀴테리의 특징

발효 건조 샤퀴테리는 가열 공정을 거치지 않으므로 발효와 건조 과정 자체가 안전성 확보 과정이 됩니다. 발효 중 유산균 활동으로 pH가 낮아지고, 건조를 통해 수분이 감소하면서 미생물 증식이 억제되는데, 이는 김치와 같은 발효 식품과 유사한 원리로 볼 수 있습니다.

❸ pH 변화와 발효 안정성

고기는 도축 이후 시간 경과에 따라 pH가 변화합니다. 살아 있는 동물의 근육은 pH7.0~7.2 수준을 유지하나, 도축 직후에는 약 pH6.8로 감소하기 시작합니다. 사후 강직이 완료되면 젖산이 축적되어 pH5.6~5.8까지 떨어집니다. 초리조와 같은 발효 건조 소시지에는 이 범위 내에서 안정된 원료육을 사용하는 것이 바람직합니다.

발효가 진행되면 유산균 작용으로 pH는 더 낮아져 최종적으로 pH4.5~4.8 범위에서 안정화됩니다. 이 범위는 초리조가 열처리 없이도 안전하게 유지될 수 있는 핵심 기준이며, 발효의 완성 지점으로 봅니다.

❹ 발효에서 첨가물의 역할

초리조 제조에서 첨가물은 맛을 더하는 재료가 아니라 발효를 설계하는 요소입니다. 소금은 수분 활성도를 낮추고 유해 미생물 증식을 억제합니다. 당류, 특히 포도당은 스타터 컬처의 먹이가 되어 젖산 생성을 촉진합니다. 스타터 컬처는 발효를 안정적으로 유도하고 산을 생성하며, 초리조 특유의 발효 풍미를 형성합니다. 일반적으로 Pediococcus, Lactobacillus 계열을 사용합니다.

질산염과 아질산염은 육색을 안정화하고 보툴리눔균을 억제합니다. GDL은 산도 조절제로서 발효 초기에 pH를 빠르게 낮춰 발효 실패 가능성을 낮추며, 보통 0.5% 이하로 사용합니다. 몰드 600은 초리조 표면에 형성되는 흰 곰팡이로, 외부 곰팡이 침입을 억제하고 건조 속도를 조절하는 보호막 역할을 합니다.

재료	핵심 역할
소금(2.0~2.4%)	구조 형성, 수분 억제, 기본 안전성
질산염·아질산염	육색 안정화, 보툴리눔균 억제
스타터 컬처	유산균 발효 유도, 풍미 형성
포도당(Dextrose)	유산균 먹이, pH 하강 보조
GDL(산도조절제)	초기 산도 저하를 통한 안전성 보강
몰드 600	표면 보호, 과건조 방지

❺ 발효 및 숙성 환경과 단계

발효 건조 샤퀴테리의 발효·숙성·건조는 온도와 상대습도를 단계적으로 조절하며 진행합니다. 초기 발효 단계에서는 스타터 컬처가 활발히 작동하며 pH가 빠르게 하강합니다. 중기 숙성 단계에서는 온도와 습도를 점차 낮추면서 풍미가 고르게 형성됩니다. 후기 숙성 단계에서는 더 낮은 온도에서 상대습도를 유지하며 건조 속도를 제어합니다.

건조 속도는 하루 중량 감소율을 기준으로 판단합니다. 건조가 너무 빠르면 온도를 낮추고 상대습도를 높여 표면 경화를 완화합니다. 반대로 건조가 충분하지 않으면 온도를 높이거나 공기 순환을 강화해 건조를 유도합니다. 최종적으로 중량이 약 30~35% 감소하면 완성으로 판단하며, 통상 30~35일을 숙성·건조 기간으로 봅니다.

하루 평균 1% 감량을 기준으로 하며, 일주일 단위로 중량을 확인해 각자의 환경에 맞게 습도를 조절합니다. 예를 들어 15일 경과 시 15% 감량을 목표로 하며, 1,000g 기준이면 850g이 되는 상태를 기준으로 삼습니다. 건조가 충분히 이루어지지 않으면 소형 선풍기 등을 이용해 공기 순환을 높이고, 건조가 급격하면 습도를 높여 조절합니다.

발효, 건조, 숙성 환경의 예시

단계	기간	온도	상대습도	공정 목적
초기 발효	1~5일 (겨울은 최대 7일)	23~26℃	95%	스타터 컬처 활성, pH 급격한 하강
중기 숙성	6~10일	20℃	90%	발효 안정화, 풍미 형성 시작
중기 건조	10~15일	15℃	85~90%	수분 감소 조절, 조직 안정
후기 숙성	15~20일	10℃	80~85%	건조 진행, 표면 경화 방지
조정 단계	21일 이후 (35~40일까지)	3~6℃	85% 전후	건조 속도 미세 조절

발효가 안정적으로 완료되면 이후 공정은 풍미 설계와 건조 제어의 비중이 커집니다. 발효 향과 산미를 강조하려면 비교적 이른 시점에 3~6℃로 낮춰도 됩니다. 반대로 더 높은 온도에서 숙성·건조를 이어 가면 산미가 낮아지고 농후한 풍미가 강화되는 경향이 있어 제조자의 목표에 따라 선택합니다.

❻ pH 변화 흐름의 이해

발효 초반에는 pH가 급격히 하강합니다. 이는 GDL(산도조절제)* 작용과 초기 유산균 활성의 결과입니다. 약 3일 이후부터 pH 감소 속도는 완만해지고, 약 10일 이후에는 pH4.5~4.8 수준에서 안정화되는 경향을 보입니다. 이 안정 구간은 안전성과 풍미가 동시에 성립하는 구간입니다.

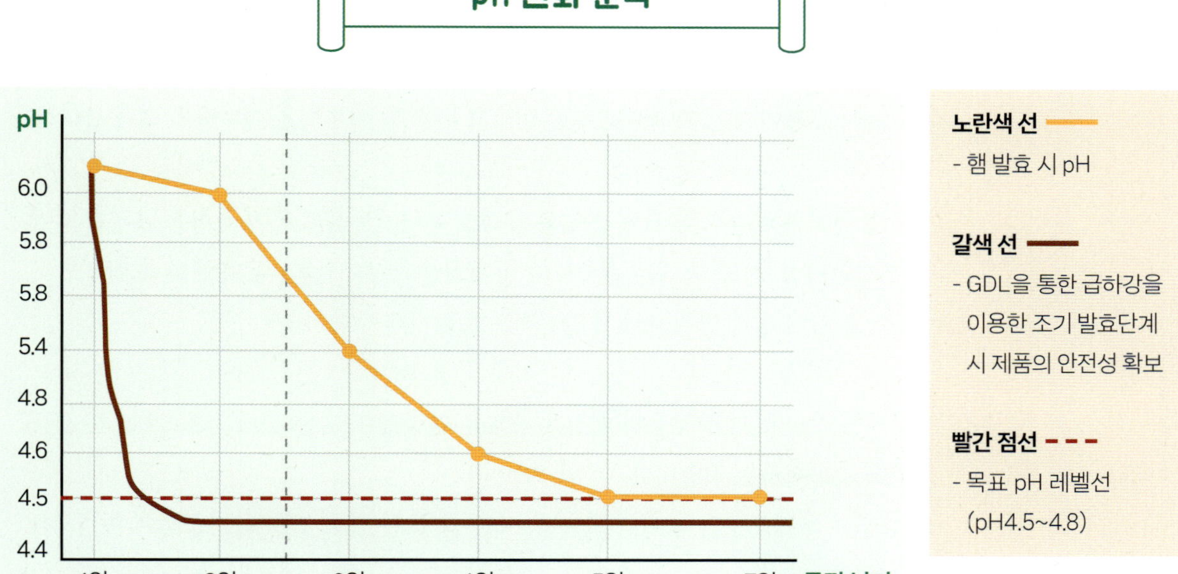

GDL(산도조절제)*의 이해

초리조는 발효 초기에 pH가 점차 하락하며, 최적 범위인 pH4.5~4.8에 도달하기 전까지 상온에서 발효를 진행합니다. 이 과정에서는 미생물 활성과 함께 원육의 상태가 빠르게 변하므로, 작업 초기의 안전성을 확보하는 것이 중요합니다. 이를 위해 산도조절제인 GDL을 혼합해 발효 초반부터 원육의 pH를 인위적으로 낮추고, 발효가 안정적인 단계에 이르기 전까지 가공 가능한 상태를 유지합니다.

❼ 발효 건조 샤퀴테리의 중량 관리와 예시

발효 건조 샤퀴테리, 건조 숙성 샤퀴테리는 제품의 형태는 다르지만, 건조와 숙성의 본질적인 원리는 동일합니다. 모든 제품은 시간의 경과에 따라 수분이 빠지며 중량이 감소하고, 이 과정에서 풍미와 안정성이 형성됩니다.

일반적으로 하루 약 1% 내외의 중량 감소를 기준으로 진행되며, 최종적으로 약 30~35% 감량 상태에서 완성됩니다. 다만 중요한 것은 단순한 감량 수치가 아니라, 겉과 속이 동일한 속도로 건조되는 균형입니다.

건조가 느리다고 해서 습도를 낮추는 것은 적절한 방법이 아닙니다. 습도를 낮추면 표면이 먼저 건조되면서 딱딱한 표피막이 형성되고, 이로 인해 내부 수분이 원활하게 빠져나가지 못합니다. 결과적으로 겉은 마르고 속은 덜 건조된 불균형한 상태가 됩니다.

반대로 건조가 빠른 경우에도 습도를 임의로 높이기보다는 공기 흐름을 조절하는 것이 우선입니다. 건조 속도는 습도보다 공기의 흐름(팬, 순환)에 의해 크게 좌우되며, 습도는 항상 일정한 범위 내에서 안정적으로 유지해야 합니다.

결론적으로 발효 건조 제품의 핵심은 습도는 안정적으로 유지하고, 건조 속도는 공기 흐름으로 조절하는 것입니다.
이 원리는 초리조뿐만 아니라 관찰레, 코파 등 모든 발효 건조 육가공품에 동일하게 적용됩니다.

단계(기간)	기준 상태	문제 상황	원인	조치 방법
초기(1주차)	약 7% 감량	감량 부족(예: 5%)	공기 흐름 부족	팬 증가, 순환 강화
초기	정상 범위(6~8%)	정상	-	유지
중기(2주차)	약 14% 감량	감량 과다(예: 20%)	건조 과속	팬 세기 감소
중기	감량 부족	내부 수분 이동 부족	공기 순환 부족	팬 증가(직풍 금지)
중기~최종 단계 사이	겉이 딱딱함	표피 경화	습도 저하 / 직풍	습도 유지, 팬 방향 조정
	속이 무름	내부 건조 부족	표면 선건조	팬 증가, 균일 순환
	색이 진해짐	산화 및 과건조	건조 과속	팬 감소
최종(30~35일)	30~35% 감량	균일 건조	정상	완성

따라서, 발효 건조 샤퀴테리의 핵심은 건조를 빠르게 진행하는 것이 아니라, 균일하게 진행하는 것입니다. 각 단계에 맞는 습도를 안정적으로 유지한 상태에서 공기 흐름으로 건조 속도를 조절해, 겉과 속이 동일하게 건조되도록 만드는 것이 핵심입니다.

❽ 발효 건조 샤퀴테리의 대표적 형태

발효 건조 샤퀴테리는 사용하는 원료의 구성과 지방 비율, 분쇄 형태에 따라 서로 다른 성격의 결과물로 완성됩니다.

유형	대표 샤퀴테리	국가	지방 함유량	맛의 핵심
굵은 분쇄 소시지	살라미(Salami)	이탈리아	30~40%	발효에 의한 산미, 농축된 육향
파프리카 기반 소시지	초리소(Chorizo)	스페인	30~40%	발효 산미, 파프리카 향, 스파이스
유화형 발효 소시지	세르벨라(Cervelat)	프랑스, 스위스	20~30%	부드러운 조직, 은은한 발효 풍미
건조 발효 소시지	페퍼로니(Pepperoni)	이탈리아계(미국)	25~35%	산미와 향신료, 훈연 풍미
전통 발효 소시지	은두야('Nduja)	이탈리아	40~50%	높은 지방감, 매운맛, 발효 풍미

훈연

❶ 훈연의 목적과 의의

훈연의 첫 번째 목적은 보존성 확보에 있습니다. 연기 속 페놀류와 유기산 성분은 고기 표면에서 미생물 성장을 억제하고 산화 속도를 늦춰 제품의 안정성을 높입니다. 훈연은 단순히 향을 더하는 작업이 아니라 전통적인 보존 기술의 연장선입니다. 다만 이 책에서는 풍미와 맛의 증진을 목표로 훈연의 목적을 명확히 이해하고, 훈연 방식과 과정을 풍미 설계 관점에서 다룹니다.

훈연의 핵심은 고기에 새로운 성분을 과도하게 더하는 데 있지 않습니다. 이미 만들어진 상태를 안정시키고 방향을 정리하는 데 있습니다. 훈연은 고기의 수분·지방·단백질 구조가 충돌하지 않도록 표면에서 균형을 잡아 줍니다. 특히 햄과 소시지처럼 가열을 거친 제품에서는 조직의 마무리 단계로 작동합니다.

또한 훈연은 제품 간 차이를 만드는 장치입니다. 같은 염지와 가열 공정을 거친 고기라도 훈연의 방식과 강도에 따라 베이컨, 파스트라미, 훈제 햄, 훈제 소시지로 성격이 갈립니다. 즉, 훈연은 레시피의 일부라기보다 제품의 성격을 결정하는 공정입니다.

❷ 핫 스모킹

1단계: 염지

염지는 간을 맞추는 과정이 아니라 고기 내부 단백질 구조를 정렬해 가열과 훈연을 견딜 조건을 만드는 준비 단계입니다. 이 단계에서 고기는 가공육이 될 조건을 갖춥니다.

2단계: 가열 조리

염지가 끝난 고기는 먼저 가열하여 내부 온도를 65℃까지 명확하게 도달하게 합니다. 목적은 훈연이 아니라 식품으로서의 안전성과 단백질 구조의 고정을 완성하는 데 있습니다. 이 시점에서 고기는 이미 익은 상태이며, 이후 공정에서 익힘은 목적이 아닙니다.

3단계: 훈연을 통한 안정화

내부 온도 65℃에 도달한 고기를 훈연 챔버에 넣고 65℃ 전후의 온도대를 유지하며 시간을 부여합니다. 이 과정은 내부와 표면의 온도 편차를 줄이고 가열 과정에서 생긴 긴장을 완화해 조직을 안정화합니다. 즉, 훈연은 추가 가열이 아니라 열 분포를 정리하는 안정화 단계로 작동합니다.

4단계: 마무리 훈연

구조가 안정된 상태에서 연기를 통해 표면에 훈연 향과 보호막을 형성합니다. 연기를 강하게 입히는 것이 목적이 아니라 완성된 고기에 정체성을 부여하는 마무리 요소로 작동합니다. 이 단계를 거치면 수분 손실이 급격해지지 않고, 향이 튀지 않으며, 내부와 외부가 균일한 상태로 정리됩니다.

❸ 콜드 스모킹

콜드 스모킹은 주로 소시지류에 적용하는 훈연 기술입니다. 가열 후 훈연하는 덩어리 육제품과 달리, 케이싱 표면에 연기를 입히기 위해 조리 전에 표면을 충분히 건조한 뒤 45℃ 이하에서 훈연합니다. 이후 스팀 처리하거나 삶는 공정을 진행한다. 공정은 다음과 같습니다.

1단계: 표면 건조

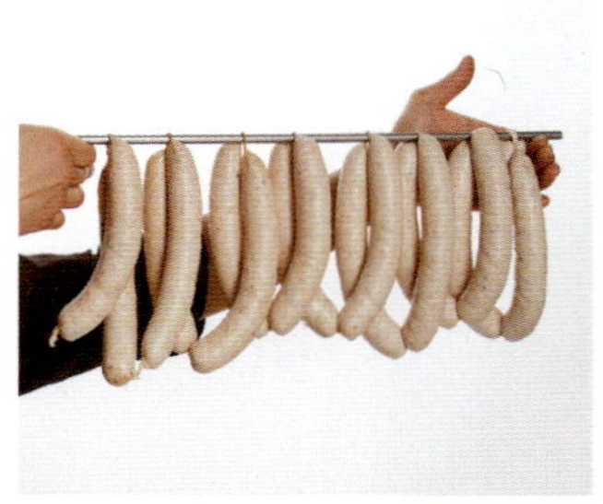

충진과 링킹이 끝난 소시지는 바로 훈연하지 않습니다. 송풍기를 사용해 겉면을 충분히 말려 표면에 물기가 남지 않도록 합니다. 표면이 젖어 있으면 연기 성분이 고르게 흡착되지 않아 쓴맛이나 얼룩진 색이 생길 수 있습니다. 콜드 스모킹의 시작은 완전한 표면 건조입니다.

2단계: 훈연 환경 준비

훈연통 또는 다시마·멸치 육수용 통에 훈연용 톱밥을 넣고 물을 소량만 적십니다. 토치로 하단에 점화해 불씨가 유지되도록 하고 훈연을 시작합니다. 목적은 열을 만드는 것이 아니라 안정적이고 부드러운 연기를 만드는 데 있습니다.

3단계: 소시지 투입

건조된 소시지를 스모크 박스 또는 밀폐형 오븐에 고르게 배치합니다. 소시지 끼리 닿지 않도록 간격을 두어 연기가 전체 표면에 골고루 닿게 합니다. 이때 내부 온도는 30~45℃ 이하를 유지합니다.

4단계: 콜드 스모킹 진행

연기가 안정적으로 순환되는 상태에서 15~30분간 콜드 스모킹을 진행합니다. 이 단계는 익힘이 아니라 향 성분을 표면에 흡착시키는 단계입니다. 온도가 올라가면 유화가 깨질 수 있으므로 지속적인 온도 확인이 필요합니다.

5단계: 훈연 종료 및 공정 전환

15~30분 훈연이 끝나면 연기를 제거하고 소시지를 꺼냅니다. 이 상태는 훈연 향만 입혀진, 익지 않은 단계이므로 즉시 다음 가열 공정으로 이동합니다.

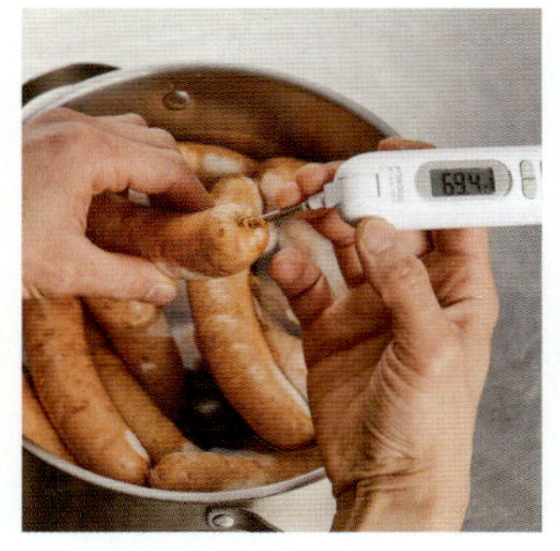

6단계: 스팀 가열

스팀 오븐을 사용하는 경우, 훈연 15분 후 훈연을 하는 상태에서 15분간 스팀 을 주며 가열하고 내부 중심 온도가 65~72℃에 도달할 때까지 조리합니다. (또는 훈연 30분 후 85℃의 물에서 15분간 삶아 내부 중심 온도가 65~72℃ 에 도달할 때까지 가열합니다.) 이 단계에서 식품 안전성과 조직 안정성이 확 보되며, 프랑크 소시지 특유의 탄력 있고 터지는 식감이 완성됩니다.

7단계: 급속 냉각

가열이 끝난 소시지는 즉시 얼음물에 넣어 약 5분간 급속 냉각합니다. 이는 잔 열로 인한 과조리를 막고, 조직 수축과 수율 저하를 방지하기 위함입니다.

5

발효, 건조, 숙성 샤퀴테리를 위한 장비 세팅

❶ 환경 설계의 관점

발효·건조·숙성 샤퀴테리에서는 절임과 배합, 공정 설계만큼이나 발효와 숙성이 이루어지는 환경 자체가 중요합니다. 이는 김치 제조에서 절임과 양념이 중요하지만, 이후 어떤 환경에서 숙성되느냐에 따라 맛이 달라지는 것과 같은 맥락입니다. 고급 숙성 장비를 사용하는 방법도 하나의 선택이 될 수 있으나, 그것이 반드시 최적의 해답은 아닙니다.

발효·숙성 시스템의 원리를 이해하고, 그에 맞는 소형 장비를 조합해 하나의 공간으로 구성하면 오히려 더 섬세하고 안정적인 결과를 얻을 수 있습니다. 저의 경험상 이러한 방식은 단순한 비용 절감이 아니라, 공정을 직접 제어하며 샤퀴테리의 변화를 체감할 수 있는 장점이 있습니다.

현재 시중에는 온도와 습도를 동시에 제어할 수 있는 숙성 장비가 국내외 제품 기준으로 약 400만 원에서 700만 원대까지 다양하게 판매되고 있습니다. 인테리어 요소가 중요하거나 쇼케이스 형태의 공간 연출이 필요한 경우에는 이러한 전용 장비가 적합합니다. 그러나 공간과 예산의 제약이 있는 소규모 매장이나 브랜드에서는 업소용 음료 냉장고를 기반으로 한 구성만으로도 충분히 안정적인 발효·숙성 환경을 만들 수 있습니다.

업소용 냉장고 내부를 철저히 소독한 뒤, 온도 조절기와 습도 조절기, 가습기, 제습기, 공기 순환 장비 등을 조합해 사용하면, 매뉴얼화된 장비에 의존하지 않고도 숙성 환경을 직접 설계하고 제어할 수 있습니다. 이 방식은 사용자의 관찰과 조정이 필수적이며, 매일 상태를 확인하고 미세하게 조절해야 합니다. 그 과정에서 제품의 변화가 시각과 후각으로 축적되고, 공정에 대한 이해도 역시 깊어집니다.

❷ 내부 공간 구성의 전제

 이 장비들은 숙성고의 성능을 강화하기 위한 목적이 아니라, 온도·습도·공기 흐름을 사용자가 직접 제어하기 위한 수단으로 사용합니다.

(1) 온도 조절기

시중에 판매되는 소형 온도 조절기를 구매해 냉장고 전원과 연결합니다. 이 장비는 원래 화훼 보관이나 수산시장 수조의 온도를 조절하기 위해 사용되는 장비로, 발효·숙성 환경에서도 충분히 활용할 수 있습니다.

여름철에는 냉장고 전원을 온도 조절기에 연결해 설정 온도에 따라 냉장 기능이 자동으로 작동하도록 합니다. 이를 통해 발효 단계와 숙성 단계 등 시기별로 필요한 온도를 설정값으로 유지합니다.

발효·건조·숙성 샤퀴테리는 겨울철과 같이 실내 온도가 약 20℃ 내외로 유지되는 시기에는 냉각보다 가열이 필요한 상황도 발생합니다. 이 경우 온도 조절기에 소형 히터를 연결해 사용합니다. 히터는 제품에 직접 열이 닿지 않는 위치에 설치하고, 온도 조절기를 통해 자동으로 작동하도록 세팅합니다. 이를 통해 계절에 관계없이 목표 온도를 안정적으로 유지할 수 있습니다.

(2) 습도 조절기

습도 조절기를 가습기와 제습기에 각각 연결하고, 두 장비를 냉장고 내부에 설치합니다. 설정된 습도 값에 따라 가습기와 제습기가 자동으로 작동하며 내부 습도를 일정하게 유지합니다.

가습기

초음파 방식의 가습기를 사용합니다. 초기 발효 단계에서 높은 습도를 유지하는 데 필수적입니다. 발효·건조·숙성 샤퀴테리는 건조 제품이지만, 공정 초반에는 내부와 외부가 균일한 속도로 건조되도록 습도를 유지해야 합니다. 표면이 너무 빠르게 마르면 표피막이 형성되어 내부 수분 배출이 지연되고, 결과적으로 겉은 단단하고 속은 덜 마른 상태가 됩니다. 이를 방지하기 위해 습도 제어를 통해 겉과 속의 건조 속도를 맞춥니다.

제습기

소형 제습기를 사용합니다. 후기 숙성 단계에서 습도를 낮추기 위해 필요하며, 특히 여름철과 같이 외부 습도가 높은 시기에는 가습기보다 제습기의 역할이 더 중요해집니다. 과습으로 인한 부패와 곰팡이 발생을 예방하는 핵심 장비입니다.

❸ 공기 순환 장비

냉장고 내부 팬 외에도 소형 선풍기나 서큘레이터를 추가로 설치합니다. 냉장고 자체의 팬만으로는 발효·건조·숙성 샤퀴테리에 필요한 공기 순환을 충분히 확보하기 어렵습니다.

공기 순환의 목적은 건조 속도를 높이는 데 있지 않습니다. 공간 내부의 온도와 습도를 균일하게 유지하고, 발효와 건조가 안정적으로 진행되도록 환경을 정리하는 데 있습니다.

스모크
소시지

대형 가공업체에서 만들어지는 표준화된 맛과 품질의 구조를 이해하고, 이를 작은 브랜드나 소규모 작업 환경에서도 구현할 수 있도록 설계한 소시지입니다. 이 메뉴는 단순한 소시지 제작에 그치지 않고, 산업 현장에서 사용하는 향신료와 기능성 재료를 그대로 적용해 각 재료의 성분과 함유량, 역할이 맛과 조직에 어떻게 작용하는지를 분명하게 드러냅니다.

염용성 단백질의 추출과 유화 구조, 아질산염과 인산염의 기능, 복합 조미료와 향신료가 풍미와 조직에 미치는 영향을 단계적으로 반영해, 결과를 예측하고 조절할 수 있는 기준을 제시하는 것이 이 레시피의 핵심입니다. 또한 콜드 스모킹과 가열 공정을 함께 다루어 훈연의 원리와 향이 축적되는 과정을 자연스럽게 이해할 수 있도록 구성했습니다.

하나의 제품을 완성하는 데 목적이 있는 메뉴가 아니라, 육가공 전반의 구조와 기술을 종합적으로 이해할 수 있도록 설계된 기준점이 되는 소시지입니다.

재료	중량(g)	배합(%)
돼지고기 뒷다리살 다짐육	1050	71.6
돼지고기 등지방 다짐육	230	15.69
간 얼음	113	7.71
소금(정제염)	23	1.57
천연 아질산염 대체제	14.5	0.99
과채추츨홍국색소분말	5.8	0.4
복합 인산염	4.7	0.32
아스코르빈산	1.6	0.11
설탕	5.8	0.4
조미료(다시다)	1.3	0.09
겔프부어스트 시즈닝 (복합 조미료)	8.5	0.58
마늘 플레이크	7	0.48
합계	**1466.2**	100

※ 여기에서는 아질산염 대신 천연 대체제 사용을 보여주기
   위해 천연 아질산염 대체제와 과채추출홍국색소분말을
   사용했다. 만약 아질산염(피클링솔트)을 사용할 경우 이
   두 재료 대신 피클링솔트 약 2.35g(전체 반죽량의 0.16%를
   최소 사용량으로 한다)을 사용하면 된다.

※ 배합(%)은 총중량 기준이며, 소수점 반올림으로 인해
   합계가 100%와 다를 수 있다.

- 돼지고기 뒷다리살 다짐육과 등지방 다짐육은 트레이에 고르게 펼치고, 냉동고에서 15~30분간 냉각해 온도를 0~1℃로 맞춰 사용한다.

- 사용할 천연 케이싱(양장 또는 돈장)은 미온수에 15분간 담가 염분을 제거한 뒤, 사용 직전까지 물에 담가 두어 유연성을 유지한다. (원료육 3kg 기준, 천연 케이싱 1개가 필요하다.)

- 믹싱볼과 비터는 사용 전 냉장고 또는 냉동고에 두어 충분히 냉각한다.

- 모든 장비는 소독한 뒤 완전히 건조하여 사용한다.

1. 믹싱볼에 돼지고기 등지방 다짐육을 제외한 모든 재료를 넣고 중속으로 믹싱한다.

🥚 이때 간 얼음은 1/2만 넣는다.

2. 반죽 온도를 6℃ 이하로 유지하며 계속 믹싱한다.

🥚 염용성 단백질을 추출하는 단계이다.

3. 반죽이 찰기를 띠는 상태가 되면 다음 단계를 진행한다.

4. 남은 얼음과 돼지고기 등지방 다짐육을 모두 넣고 고기 지방과 수분이 안정적으로 유화되도록 믹싱한다.

5. 이 단계에서는 반죽 온도를 8~12℃로 유지한다. 이 온도 구간을 유지해야 가장 안정적인 조직감을 얻을 수 있기 때문이다.

🥚 반죽 온도가 15℃ 이상으로 상승할 경우 유수 분리 위험이 커지므로 주의한다.

6. 미온수에 불려 둔 천연 케이싱을 정숫물로 헹궈 내부를 세척하고 남아 있는 소금기를
제거한다. `32p`

🫑 여기에서는 24/26 사이즈 돈장을 사용했다.

7. 천연 케이싱에 반죽을 60~70%로
충진한다. `33p`

8. 손을 이용해 내부 압력을 70~80%
수준으로 높인다.

9. 12cm 간격으로 링킹한다. `35p`

10. 링킹 후 고리에 걸고, 선풍기를 사용해 약 10분간 표면을 완전히 건조시킨다.

🥟 훈연이 잘 되게 하기 위한 과정이다.

훈연

11. 스테인리스 통에 톱밥을 넣고 물을 살짝 적신다.

12. 표면을 완전히 건조시킨 소시지를 오븐에 걸고, 토치로 통 하단에 불을 붙여 연기를 발생시킨다.

13. 연기가 차 있는 오븐 내부에서 소시지 중심부 온도가 45℃ 이하인 상태로 약 30분간 훈연한다.

🥟 내부 공기 순환 장치가 없는 오븐이라면, 톱밥이 담긴 통 가까이에 무선 미니 선풍기를 두어 약한 바람이 불게 한다.

14. 훈연을 마친 소시지는 85℃의 물에서 중심부 온도가 65~70℃에 도달할 때까지
가열한다.

15. 가열이 끝나면 곧바로 얼음물에 담가
급속 냉각시킨다.

◌ 이때 얼음물에 담그는 시간은 5분을 넘기지
않는다.

16. 링킹을 끊고 표면의 물기를 제거한 뒤, 냉장 또는 냉동 보관한다.

◌ 완성된 소시지는 바로 취식하지 않을 경우 냉장 3일, 냉동 3주간 보관할 수 있다.
아질산염 사용과 훈연 과정이 제품의 보관성을 높이는 데 기여하므로, 진공 포장한 경우 냉장
3주, 냉동 4주간 보관이 가능하다. 냉동한 소시지는 냉장 해동 후 조리한다.

아질산염과 대체 공정에 대한 관점과 제안

아질산염은 오랜 시간 동안 햄과 소시지 제조에서 핵심적인 역할을 수행해 온 재료다. 고기 단백질과 반응해 고유의 큐어드 컬러를 형성하고, 특정 미생물의 증식을 억제하며, 산화를 지연시켜 제품의 안정성과 보존성을 높인다. 이러한 기능적 특성으로 인해 아질산염은 전통적인 육가공 공정에서 합리적이고 효율적인 선택으로 자리해 왔다.

그러나 현대에 들어 소비자 인식이 변화하면서, 아질산염 사용에 부담을 느끼거나 이를 지양하려는 선택도 점차 늘어나고 있다. 이러한 흐름 속에서 아질산염을 사용하지 않는 대체 공정 역시 하나의 설계 방향으로 고려할 수 있다.

아질산염 대체재는 강황과 과일 추출물 등을 기반으로 하며, 아질산염을 포함하지 않는 것이 특징이다. 이들 재료는 고기 단백질의 산화를 억제하고 지방 변성을 지연시키며, 풍미 손실을 완화하는 방식으로 제품의 품질을 보조한다. 이는 아질산염이 고기 색을 안정시키고 가열 과정에서 특유의 가공육 향 형성에 관여하는 이른바 '큐어링 반응'을 통해 기능을 구현하는 방식이 아닌, 산화와 변화를 관리하는 개념에 가깝다.

다만 이러한 대체재에는 아질산염이 없기 때문에, 큐어드 컬러 형성이라는 핵심 기능은 기대할 수 없다. 고기 단백질과의 화학적 반응을 통해 만들어지는 전통적인 큐어드 컬러는 재현되지 않으며, 가열 후에는 자연스러운 육색 또는 회갈색 톤으로 마무리된다.

이러한 한계를 보완하기 위해 실제 제품 설계에서는 색을 반응으로 형성하는 방식이 아니라, 천연 색 재료를 활용해 외관을 보정하는 접근이 필요하다. 홍국홍(이 책에서 사용한 과채추출홍국색소분말)은 색을 입히는 역할을 하는 재료로, 큐어링 반응을 대체하지는 않지만 제품의 시각적 완성도를 높이는 데 기여한다. 다만, 이때 형성되는 색은 전통적인 햄의 큐어드 컬러와는 성격이 다르며, 자연 색 보정의 개념으로 이해해야 한다.

이러한 맥락을 바탕으로 이 책의 스모크 소시지는 아질산염 대체 레시피로 제안했다. 아질산염을 사용하지 않고 강황과 과일 추출물 기반 대체재를 적용해 산화 안정성과 보존성을 확보하며, 홍국홍을 병행해 가열 후에도 외관 색이 안정적으로 유지되도록 설계했다.

이 레시피는 아질산염을 사용하는 일반적인 소시지 공정을 그대로 대체하기 위한 목적이 아니다. 아질산염을 배제하는 대신, 재료의 성격과 한계를 명확히 이해하고 그에 맞는 공정 설계를 통해 완성도를 확보하는 방식이다.

아질산염의 사용 여부는 옳고 그름의 문제가 아니다. 이는 기술의 우열이 아니라, 제품이 지향하는 가치와 메시지를 어떻게 설정할 것인가에 대한 선택에 가깝다. 이 책에서는 그 선택이 공정과 결과물에 어떤 차이를 만들어 내는지를 기술적으로 살펴본다.

캐네디언
등심 베이컨

케네디언 베이컨은 냉동육과 다양한 부위를 훈연 공정으로 다루는 기준을 제시하는 샤퀴테리입니다. 베이컨과 파스트라미처럼 서로 다른 이름을 가진 제품들은 재료와 향신료의 구성은 다르지만, 염지·가열·훈연이라는 큰 공정의 흐름은 공통됩니다. 이 공정의 구조를 정확히 이해하면 삼겹이든 가슴살이든, 냉동육이든 생육이든 동일한 논리로 접근할 수 있으며, 결과 또한 안정적으로 예측할 수 있습니다.

그중 등심은 지방이 적고 조직 구조가 단순해 공정의 장단점이 가장 명확하게 드러나는 부위입니다. 이 메뉴에서는 등심을 사용해 훈연 공정을 완성하지만, 목적은 등심 자체에 있지 않습니다. 이 공정을 그대로 적용해 베이컨과 파스트라미, 다양한 훈연 샤퀴테리로 확장할 수 있는 기준을 제시하는 데 의미가 있습니다.

케네디언 베이컨은 하나의 제품을 재현하기 위한 메뉴가 아니라, 하나의 공정으로 여러 훈연 샤퀴테리를 설계하고 완성할 수 있도록 돕는 기준점이 되는 메뉴입니다.

재료	중량(g)	배합(%)
냉동 돼지고기 등심	1000	95.76
소금(정제염)	1.4	0.13
피클링슬트(아질산염)	17.8	1.7
복합 인산염	3.1	0.3
설탕	10	0.96
액상 치킨 스톡(메기)	10	0.96
양파(100%) 분말	1	0.1
마늘(100%) 분말	1	0.1
합계	**1044.3**	100

※ 배합(%)은 총중량 기준이며, 소수점 반올림으로 인해 합계가 100%와 다를 수 있다.

※ 냉장 돼지 고기 등심을 사용해도 된다.

POINTS

● **레시피 설계 의도**

<u>염도 약 1.8%</u>

→ 등심 훈연 샤퀴테리를 기준으로 가장 깔끔한 맛을 구현하며, 브런치 메뉴로의 활용도가 높다.

<u>아질산염 약 150ppm</u>

→ 수제 작업과 교육용 공정, 상품화 모두에서 안전성과 재현성을 균형 있게 확보할 수 있는 수치이다.

<u>인산염 0.3%</u>

→ 냉동육 사용 시 보수력을 보완하고, 가열 이후 슬라이스 안정성을 확보하기 위한 설정이다.

<u>액상 치킨 스톡(원액)과 설탕의 병용</u>

→ 훈연 이후 단맛과 감칠맛을 과하지 않게 보강해, 전체 풍미의 균형을 맞춘다.

● 이 레시피는 냉동 등심을 사용한 훈연 샤퀴테리 제조를 기준으로 설계한 건염지 배합이다.
인산염을 사용해 냉동육에서 발생하기 쉬운 수분 손실과 조직 불안을 보완하며, 액상 치킨 스톡과
설탕을 병용해 훈연 이후 풍미와 감칠맛을 안정적으로 끌어올린 구성이 특징기다.

  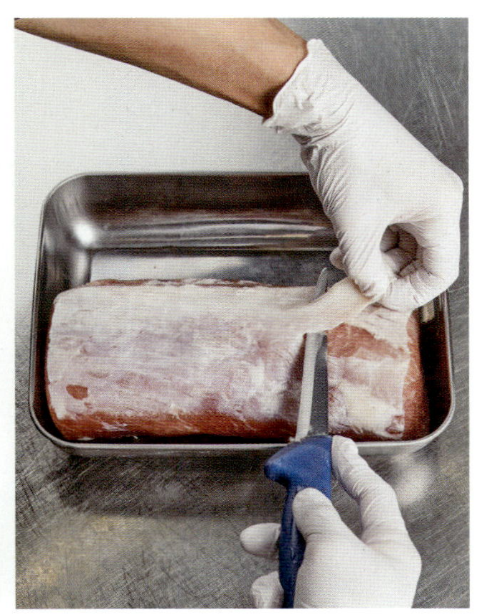

1. 진공팩에 모든 재료를 담고, 고기에 염지 재료가 고르게 묻도록 한 후 진공 포장해 냉장고에서 5일간 염지한다.

    이때 염지 재료(고기를 제외한 모든 재료)는 미리 고르게 섞은 후 사용한다.

2. 포장지를 벗겨 흐르는 물에 염지액을 씻어낸 후, 키친타월을 이용해 표면의 물기를 완전히 제거한다.

3. 염지 후 근막과 단단하게 건조된 표면을 제거해 이후의 과정이 원활하게 진행되도록 한다.

    이 작업을 염지 전에 진행하면, 염지 과정에서 형성된 건조된 표면을 다시 제거해야 하므로 손실률이 높아진다.

4. 고기 표면에 디종 머스터드(분량 외)를 얇게 바르고 후추(분량 외)를 갈아 뿌린 후 손으로 가볍게 눌러 밀착시킨다.

    기호에 따라 월계수잎, 오레가노, 크러시드 페퍼, 코리앤더 등 다양한 향신료를 함께 뿌려도 좋다.

5. 85℃로 예열한 오븐게 넣고 고기 중심부 온도가 65℃에 도달할 때까지 가열한다.

🥚 종료 시점은 반드시 중심부 온도를 기준으로 판단한다.

6. 훈연 통에 야자수 숯을 넣고 그 위에 오크칩을 넣은 후 약간의 물을 뿌리고 오븐에 넣어 점화한다.
오븐 내부 온도를 70℃ 이하로 유지하며 약 1시간 동안 훈연을 진행한다.

🥚 여기에서는 스모크 소시지(220p)와 함께 훈연했다.

7. 훈연이 완료되면 고기를 꺼내 한 김 식힌 후, 진공 포장해 냉장고에서 24시간 숙성시켜 사용한다.

관찰레

관찰레는 돼지의 항정살이나 볼살처럼 지방이 많은 부위를 사용해 만드는 이탈리아 전통 염지 햄입니다. 일반적인 햄이 살코기의 숙성을 중심으로 완성되는 것과 달리, 관찰레는 지방이 지닌 풍미를 중심으로 숙성이 이루어집니다. 이 부위는 지방 비율이 높아 건조 과정에서도 수분 손실이 비교적 천천히 진행되며, 숙성이 이어지는 동안 지방 속에 향과 풍미가 축적됩니다. 염지 과정에서는 소금이 고기 내부의 수분을 밖으로 이동시키고, 그에 따라 조직은 점차 밀도를 갖추며 안정됩니다. 이후 건조 숙성이 진행되면서 수분은 서서히 줄어들고, 내부 효소 작용에 의해 지방과 단백질이 분해되어 고유의 감칠맛이 형성됩니다. 관찰레 특유의 풍미는 이 과정에서 만들어지는 지방의 단맛과 깊은 고소함에서 비롯됩니다.

관찰레는 생햄처럼 얇게 슬라이스해 먹기보다 요리의 풍미를 만드는 재료로 활용되는 경우가 많습니다. 특히 까르보나라, 아마트리차나와 같은 파스타의 핵심 재료로 쓰이며, 가열되면서 녹아 나오는 지방이 소스의 맛을 깊게 만듭니다. 이때 관찰레의 지방은 단순한 기름이 아니라 숙성 과정에서 형성된 향과 감칠맛을 함께 담은 풍미의 기반이 됩니다. 그래서 관찰레는 단순한 염지육이 아니라, 숙성된 지방이 만들어 내는 깊은 맛의 재료라고 할 수 있습니다.

INGREDIENTS

재료	중량(g)	배합(%)
돼지고기 항정살	2000	89
질산염 (ANTHONY'S CURING SALT #2)	6.4	0.28
소금(정제염)	120	5.3
설탕	120	5.3
합계	**2246.4**	100

※ 배합(%)은 총중량 기준이며, 소수점 반올림으로 인해 합계가 100%와 다를 수 있다.

POINTS

- 본 배합은 장기 건조 숙성을 전제로 한 건염지 배합 공식이다.

- 공정 단계별 목표 중량 및 수율   원육 100% 기준

단계	중량	수율
절임 후 중량	90~95g	90%
최종 목표 중량	65~70g	65%

- 절임 단계에서는 약 5~10%의 수분 손실이 발생한다.

- 숙성·건조가 완료되는 시점을 기준으로 하면 총 감량률은 약 30~35%이다.

- 적용 범위

  본 공정 기준은 다음 제품에 동일하게 적용한다.
  - 목살 → 크파(Coppa)
  - 항정살 → 관찰레(Guanciale)

  다만, 부위의 특성에 따라 다음 항목은 별도의 관리 기준을 적용한다.
  - 숙성 기간
  - 건조 속도
  - 초기 습도 유지 기간

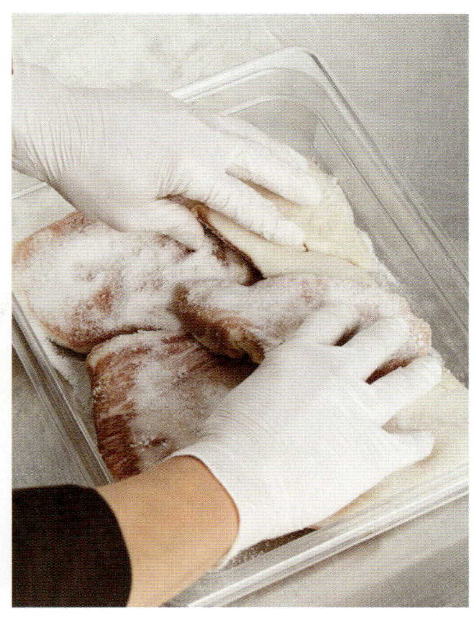

1. 돼지 항정살을 흐르는 물에 가볍게 세척한 뒤 키친타월로 표면의 수분을 완전히 제거한다.

　🖐 항정살은 넓게 펼쳐 두께를 최대한 균일하게 맞춰야 모든 부위가 동일하게 염지되고, 이후 수분이 빠지는 과정에서도 균일하게 수분이 손실된다.

2. 질산염을 고기 전면에 고르게 바른다.

　🖐 이는 색 안정화와 장기 숙성을 위한 작업이다.

3. 소금과 설탕을 섞어 고기 전체에 넉넉히 뿌려 마사지하듯 바른다.

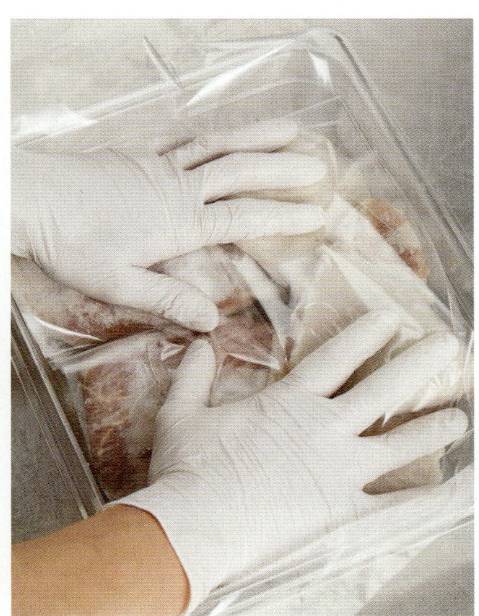

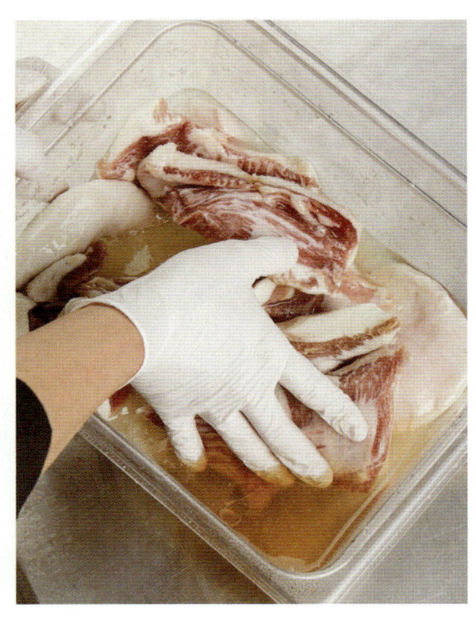

4. 기호에 따라 향신료를 추가할 수 있다.

5. 고기 표면에 랩을 씌운 뒤, 적당한 무게의 평평한 도구를 올려 냉장고에서 염지한다.

6. 하루에 한 번 고기를 뒤집으며 바닥에 고인 수분을 제거한다. 이 과정을 3일간 진행해 약 5~10%의 수분이 손실되도록 한다.

 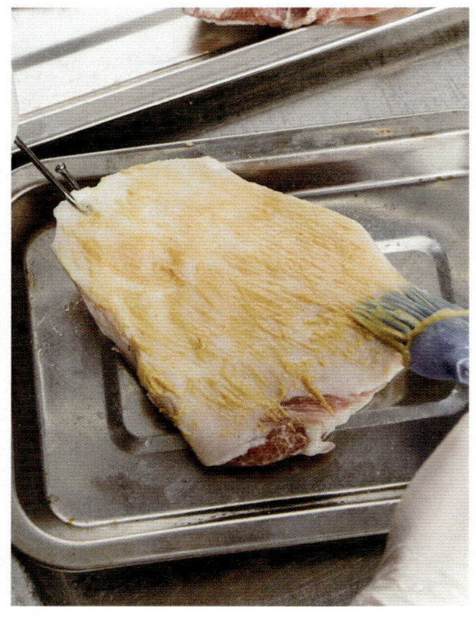 

7. 염지가 완료된 고기는 흐르는 물에 염지액을 씻어 낸 후, 키친타월을 이용해 표면의 수분을 완전히 제거한다.

8. 고기 표면에 디종 머스터드 소량을 얇게 바른다.

9. 케이준 스파이스, 후추 크러시드 페퍼, 월계수잎, 커리 스파이스 등 원하는 향신료를 고기 표면에 고르게 뿌린 후 손으로 가볍게 눌러 밀착시킨다.

☁ 제조 날짜와 중량을 기입한 네임태그를 달아 두면 중간중간 체크하기에 좋다.

10. 2~3℃로 설정한 와인 냉장고 또는 업소용 냉장고 내부에 걸어 팬 바람이 직접 닿도록 배치한 상태로 약 30일간 숙성·건조를 진행한다.

☁ 표면 살균과 향 부여를 위해 숙성 기간 중 3일에 한 번, 35℃ 이상의 증류주(브랜디, 위스키 등)를 스프레이로 표면에 분사하도 좋다(선택 사항). 표단, 과도한 분사는 피 하고 가볍게 분무한다.

11. 냉장고 내부 습도는 70~80%를 유지하며, 필요에 따라 가습기를 활용한다. 내부에는 선풍기 또는 순환 팬을 설치해 공기가 정체되지 않도록 한다. 목표 중량에 따라 차이는 있으나, 약 30~35일 이내에 건조를 마무리하는 것을 기준으로 하며, 최종 중량 기준 30~35% 감량이 이루어진 시점부터 사용할 수 있다.

코파

코파는 돼지의 목심, 즉 목과 어깨 사이 부위를 사용해 만드는 전통적인 건조 숙성 햄입니다. 이 부위는 근육과 지방이 자연스럽게 어우러져 있어 숙성이 진행될수록 풍미가 깊어지고, 고기의 결이 살아 있는 것이 특징입니다.

숙성 과정에서는 단백질과 지방이 천천히 변화하면서 조직이 단단해지고, 근육 사이 지방은 안정적으로 자리 잡아 코파 특유의 부드러운 식감을 만듭니다. 완성된 코파는 붉은 살코기와 흰 지방이 자연스럽게 어우러진 마블링을 가지며, 얇게 슬라이스했을 때 향과 풍미가 가장 잘 드러납니다. 강한 훈연이나 조리를 거치지 않기 때문에 고기 자체의 품질과 염지, 숙성 기술이 그대로 드러나는 햄이기도 합니다.

표면에는 향신료를 더해 향의 깊이를 높일 수 있습니다. 이때 커리 파우더를 가볍게 발라 숙성하면 복합적인 향을 더할 수 있으며 숙성이 진행되면서 표면의 향신료 향이 고기 외부에 자연스럽게 자리 잡아 슬라이스했을 때 코파 특유의 육향과 함께 부드럽게 퍼집니다.

재료	중량(g)	배합(%)
돼지고기 목살	2000	89
질산염 (ANTHONY'S CURING SALT #2)	6.4	0.28
소금(정제염)	120	5.3
설탕	120	5.3
합계	**2246.4**	100

※ 배합(%)은 총중량 기준이며, 소수점 반올림으로 인해 합계가 100%와 다를 수 있다.

POINTS

- 본 배합은 장기 건조 숙성을 전제로 한 건염지 배합 공식이다.

- 공정 단계별 목표 중량 및 수율 　　　　　　　원육 100% 기준

단계	중량	수율
절임 후 중량	90~95g	90%
최종 목표 중량	65~70g	65%

- 절임 단계에서는 약 5~10%의 수분 손실이 발생한다.

- 숙성·건조가 완료되는 시점을 기준으로 하면 총 감량률은 약 30~35%이다.

- 적용 범위

  본 공정 기준은 다음 제품에 동일하게 적용한다.
  - 목살 → 코파(Coppa)
  - 항정살 → 관찰레(Guanciale)

  다만, 부위의 특성에 따라 다음 항목은 별도의 관리 기준을 적용한다.
  - 숙성 기간
  - 건조 속도
  - 초기 습도 유지 기간

　　　　　　　　　　　　　　　　　　　　　　　　

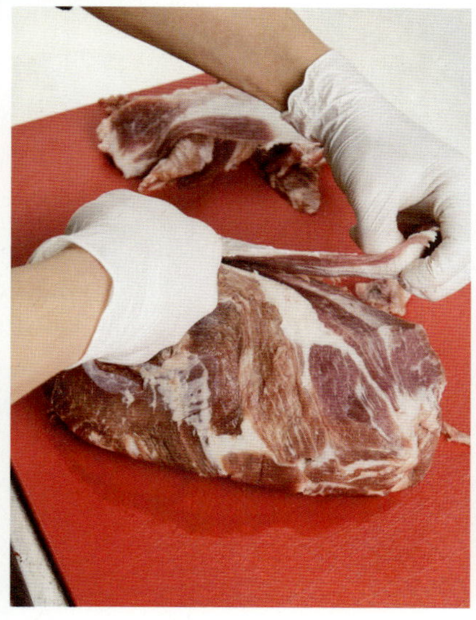

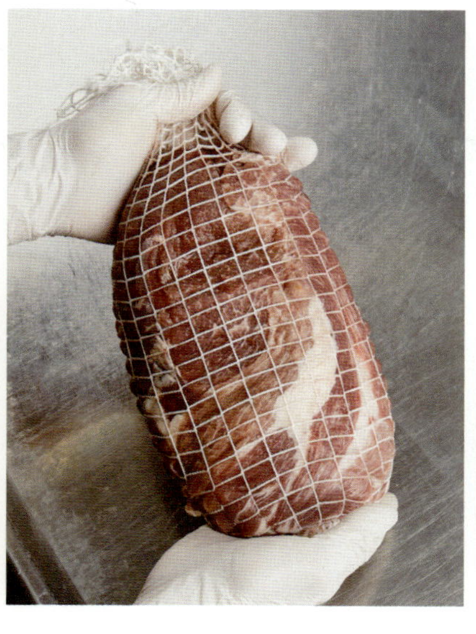

1. 목살은 덩어리 형태를 그대로 유지하되 혈흔과 근막은 제거한다.

2. 덩어리 모양을 유지하며 햄 네트망 (18 사이즈)에 넣고 매듭을 짓는다.

3. 질산염을 고기 전면에 고르게 뿌리고 손으로 가볍게 밀착시킨다.

　이는 색 안정화와 장기 숙성을 위한 작업이다.

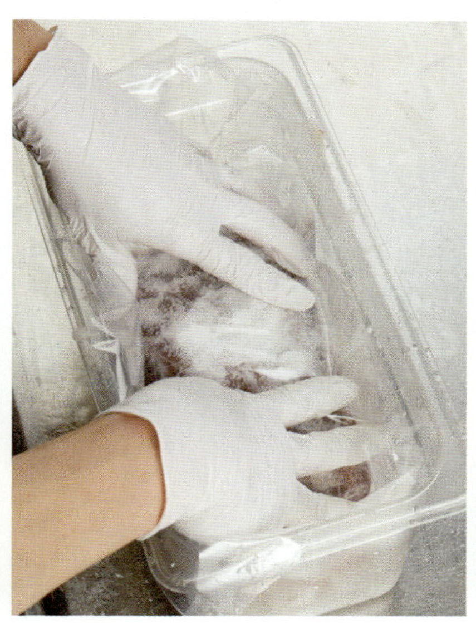

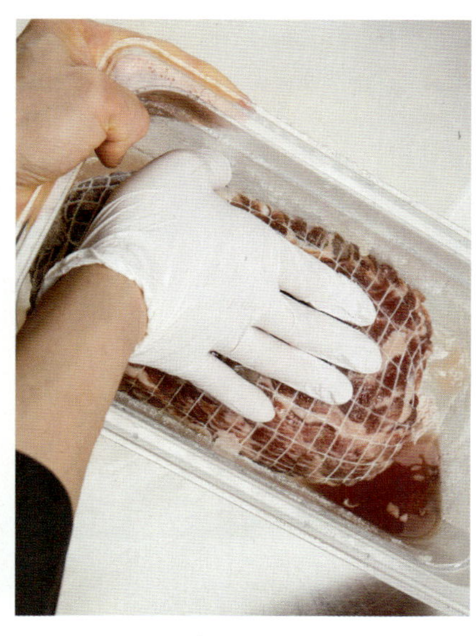

4. 소금과 설탕을 섞어 고기 전체에 넉넉히 뿌리고 마사지하듯 바른다.

5. 고기 표면에 랩을 씌운 뒤, 적당한 무게의 평평한 도구를 올려 냉장고에서 염지한다.

6. 하루에 한 번 고기를 뒤집으며 바닥에 고인 수분을 제거한다. 이 과정을 3일간 진행해 약 5~10%의 수분이 손실되도록 한다.

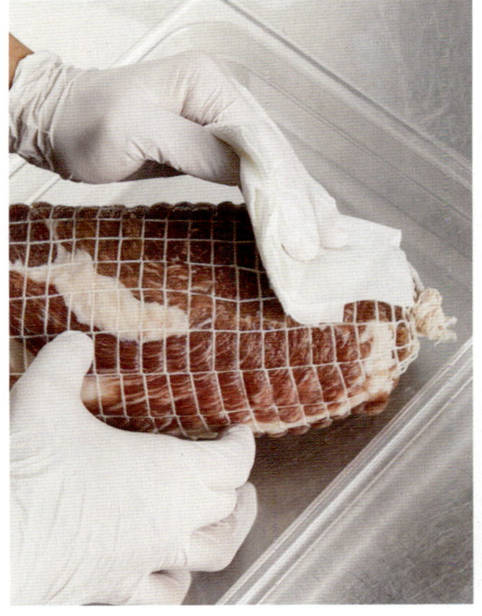  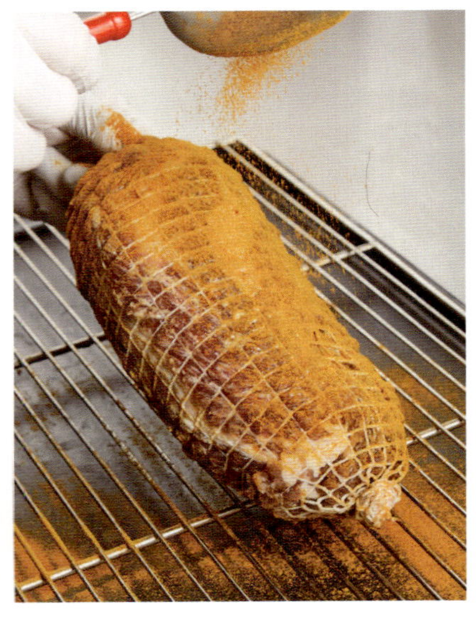

7. 염지가 완료된 고기는 흐르는 물에 염지액을 씻어 낸 후, 키친타월을 이용해 표면의 수분을 완전히 제거한다.

8. 고기 표면에 디종 머스터드 소량을 얇게 바른다.

9. 케이준 스파이스, 후추 크러시드 페퍼, 월계수잎, 커리 스파이스 등 원하는 향신료를 고기 표면에 뿌린 후 손으로 가볍게 눌러 밀착시킨다.

◯ 제조 날짜와 중량을 기입한 네임태그를 달아 두면 중간중간 체크하기에 좋다.

10. 팬이 있는 업소용 냉장고(2~3℃)에 걸어, 팬 바람이 직접 닿도록 배치한다. 이때 냉장고 내부 습도는 70~80%를 유지하며, 필요에 따라 가습기를 활용한다. 냉장고 내부에 선풍기 또는 순환 팬을 설치해 공기가 정체되지 않도록 한다. 중량에 따라 차이는 있으나, 약 60일 이내에 건조를 마무리하는 것을 기준으로 하며, 최종적으로 고기 중량 기준 30~35% 감량이 이루어진 시점부터 사용할 수 있다.

◯ 표면 살균과 향 부여를 위해 숙성 기간 중 3일에 한 번, 35℃ 이상의 증류주(브랜디, 위스키 등)를 스프레이로 표면에 분사해도 좋다(선택 사항). 표단, 과도한 분사는 피하고 가볍게 분무한다.

시간으로 완성하는 숙성 샤퀴테리

관찰레와 코파는 모두 돼지고기의 특정 부위를 통째로 염지한 뒤, 오랜 시간 숙성해 완성하는 전통적인 유럽식 숙성 햄입니다. 이 두 제품은 고기를 잘게 다지거나 재가공하지 않고, 원육의 결을 그대로 살려 완성한다는 점에서 샤퀴테리의 본질을 가장 분명하게 보여줍니다.

관찰레는 돼지의 볼살과 턱 아래 부위를 사용합니다. 지방의 비율이 높고 조직이 고와 숙성 과정에서 지방이 천천히 녹아들며 깊고 둥근 풍미를 만듭니다. 단단해 보이지만 입에 넣는 순간 부드럽게 풀어지며, 조리에 사용하면 지방 자체가 하나의 조미 요소로 작용합니다.

코파는 돼지의 목심 부위를 사용합니다. 살코기와 지방의 균형이 뛰어나고 근육의 결이 살아 있어 씹을수록 고기 본연의 향이 선명하게 느껴집니다. 관찰레보다 담백한 인상을 주지만, 향신료와 숙성의 풍미가 고기 안쪽까지 고르게 배어 있는 것이 특징입니다.

두 햄 모두 강한 훈연이나 인위적인 풍미에 의존하지 않습니다. 소금과 시간, 온도와 습도라는 최소한의 조건 안에서 고기 스스로 완성되는 맛을 기다리는 방식으로 만들어집니다.

관찰레
코파

초리조

초리조는 본래 맛있는 고기로 만들기 위한 음식이 아니라, 냉장
기술이 없던 시절 고기를 오래 두고 먹기 위해 소금에 절이고 말
리며 시간을 견디기 위해 탄생한 샤퀴테리입니다. 이 과정에서
고기는 단순히 남아 있는 식재료가 아니라, 미생물과 시간, 환경
이 개입하며 전혀 다른 성격의 음식으로 변화합니다.

발효는 고기 속 단백질과 지방을 천천히 풀어 풍미를 쌓아 올리
는 시간이며, 건조는 그렇게 만들어진 맛을 안정시키고 정리하는
단계입니다. 여기에 파프리카와 마늘, 다양한 향신료가 더해지며
초리조만의 색과 향이 형성됩니다. 이렇게 완성된 초리조는 고기
를 보관해 먹기 위한 목적을 넘어, 요리에 깊이를 더하는 풍미 재
료로 기능합니다.

초리조의 목적은 시간을 들여 고기의 가능성을 끝까지 끌어내는
데 있습니다. 그래서 초리조는 빠르게 소비되는 음식이 아니라,
최소 한 달이라는 시간을 기다려야 비로소 완성됩니다. 앞서 샤
퀴테리 전반을 다루며 축적해 온 기술과 이해를 가장 높은 밀도
로 활용한 결과물입니다.

INGREDIENTS

재료	중량(g)	배합(%)
돼지고기 뒷다리살	760	76
돼지고기 등지방	190	19
소금(정제염)	18.5	1.9
질산염 (ANTHONY'S CURING SALT #2)	2.4	0.24
산도조절제(GDL)	4.8	0.48
아스코르빈산(비타민 C)	0.5	0.05
퀵 스타터 컬처(유산균)	0.3	0.03
포도당	3.8	0.38
훈제 파프리카 파우더	14.3	1.43
케이준 스파이스 파우더	1	0.1
마늘(100%) 분말	1	0.1
후추	2.9	0.29
합계	**999.5**	100

※ 배합(%)은 총중량 기준이며, 소수점 반올림으로 인해 합계가 100%와 다를 수 있다.

※ 여기에서 산도조절제는 '글루코노 델타락톤' 제품을, 포도당은 '뜨레반 포도당' 제품을
　사용했다.

POINTS

- 원육은 작업 전에 큐브 형태로 절단한 뒤 영하 3℃ 정도가 되도록 냉동 보관해 충분히 차갑게 유지한다. 이는 분쇄와 반죽 과정에서 지방이 녹지 않도록 온도를 안정적으로 유지하기 위함이다. 지방은 단단한 등지방 사용을 권장하며, 온라인에서 판매되는 A지방(등지방)을 사용하면 보다 안정적인 결과를 얻을 수 있다.

- 작업에 사용하는 분쇄기, 볼, 칼 등 모든 장비와 도구는 소독한 뒤 완전히 건조한 상태에서 사용한다. 다만 소독을 과하게 하면 발효에 필요한 유익한 미생물까지 줄어들 수 있으므로, 소독 후 충분히 건조하는 과정을 거친다.

- 케이싱은 발효와 건조 과정에서 공기가 통과할 수 있도록 통기성이 좋은 파이브러스 케이싱을 준비한다. 이러한 준비 과정을 통해 초리조의 발효와 건조가 보다 안정적으로 이루어진다.

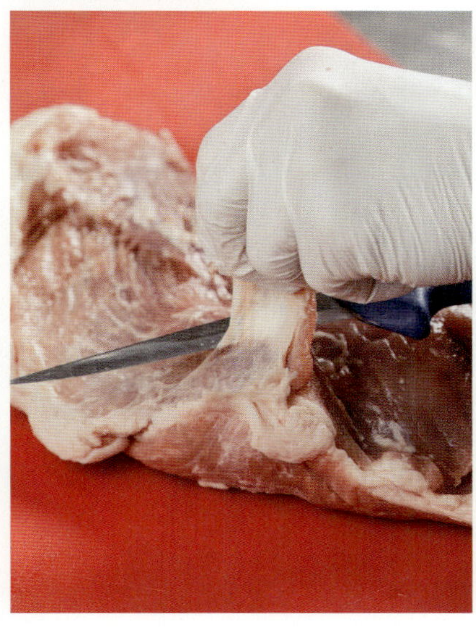

1. 돼지고기 뒷다리살의 근막과 혈흔을 제거한다.

2. 손질한 돼지고기 뒷다리살과 등지방을 큼직한 큐브 형태로 썬다.

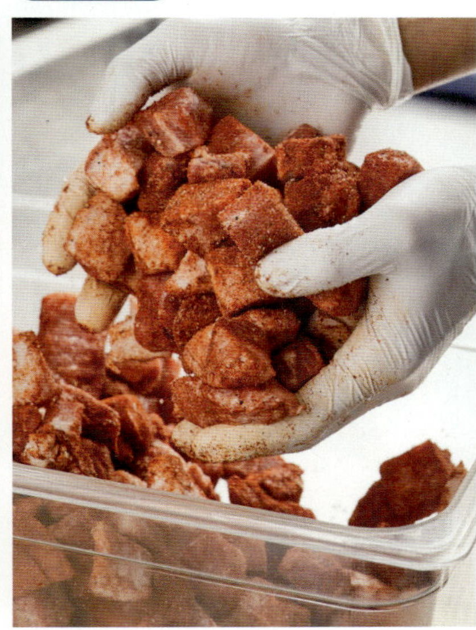

3. 손질한 고기는 트레이에 고르게 펼치고, 냉동고에서 15~30분간 냉각해 온도를 0~1℃로 맞춰 사용한다.

4. 냉각한 고기에 모든 재료를 넣고 고르게 버무린다.

5. 6mm 플레이트를 장착한 고기 다짐기에 넣고 분쇄한다.

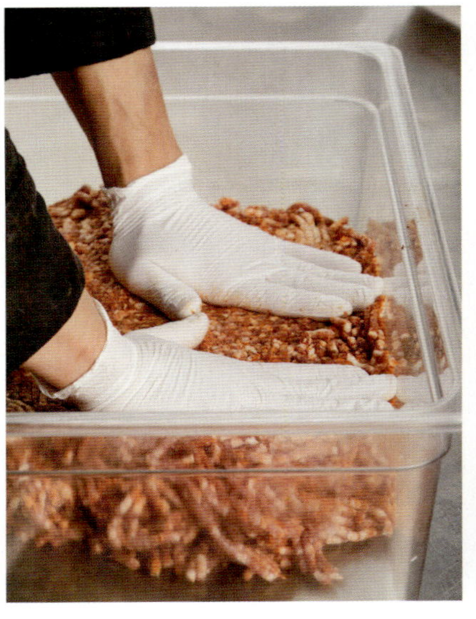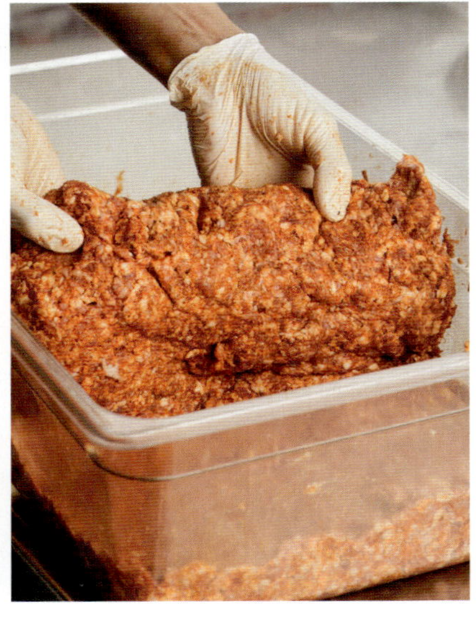

6. 분쇄한 고기를 통에 옮긴 뒤 손으로 넓게 펼치고 접는 동작을 반복하며 섞는다.

7. 반죽을 식품용 비닐에 조금씩 나눠 담아
공기층이 생기지 않도록 한 뒤,
충진기에 장착한다.

충진 및 링킹

초리조 충진 

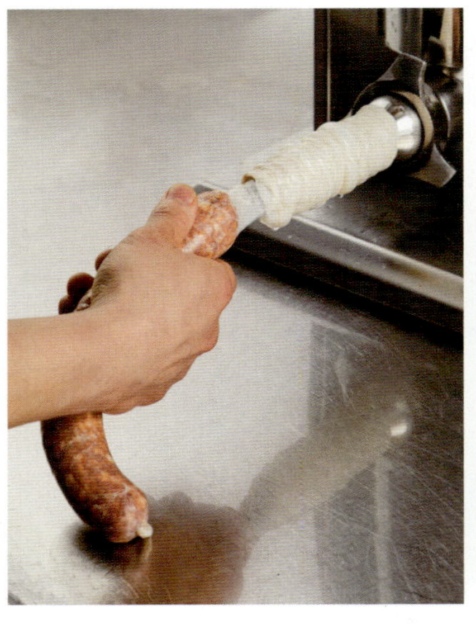

8. 돈장 또는 파이브러스 인조 케이싱에
공기가 들어가지 않도록 100~120%
(건조되면서 부피가 줄어드므로)
충진한 후 매듭을 짓는다. **38p**

　여기에서는 30/32 사이즈 돈장을 사용했다.

9. 제조 날짜와 중량을 기입한 네임태그를 달아 두고 중간중간 체크한다.

　충진된 초리조에 공기가 남아 있을 경우 뾰족한 핀으로 찔러 공기를 제거한다.

10. 미트 서페이스(Mold 600)를 물에 희석해 스프레이로 분사한다.

- 이 과정은 겉면의 과도한 건조를 방지하고, 표면에 흰 곰팡이를 형성해 보호막 역할을 하며, 단백질 분해 부산물로 숙성 향을 형성하는 데 목적이 있다.

- 물 500g당 미트 서페이스(Mold 600) 0.5g을 섞어 사용한다.

11. 발효 및 건조 단계를 거쳐 마무리한다.
습도가 지나치게 낮을 경우 겉면이 빠르게 마르면서 산소 침투가 제한되어 내부 변질 위험이 발생할 수 있다.
하루 평균 약 1% 내외의 중량 감소를 기준으로 삼고, 중량 감소가 거의 일어나지 않은 경우에는 내부 공기 순환이 부족한 상태이므로 선풍기 바람을 이용해 공기를 순환시킨다. 미트 서페이스(Mold 600)를 사용한 발효 건조 과정은 대체로 1~5일 사이에 안정적으로 진행된다.

발효와 건조가 완료된 초리조

스모크 소시지

에그 인 헬

에그 인 헬은 지중해와 중동 지역의 샥슈카에서 출발한 요리로, 토마토와 파프리카를 천천히 졸여 만든 매콤한 소스 위에 달걀을 익혀 완성하는 음식입니다. 직화로 그을린 파프리카의 스모키한 향과 잘 익은 토마토의 산미, 큐민과 칠리에서 오는 따뜻한 향신의 풍미가 소스의 중심을 이룹니다.

마지막에 올린 달걀은 노른자가 완전히 굳지 않도록 익혀, 소스와 자연스럽게 섞이도록 구성합니다. 노른자를 터뜨리면 소스의 매운맛이 달걀의 부드러움과 어우러지며, 자극적이기보다 깊고 정돈된 맛으로 이어집니다. 이 요리는 빵에 찍어 먹을 때 가장 완성된 형태를 보여 줍니다.

에그 인 헬은 화려한 기술보다는 재료의 조합과 불 조절이 핵심인 요리입니다. 단순한 달걀 요리처럼 보이지만, 소스의 구성만으로도 매장의 개성을 분명하게 드러낼 수 있는 요리입니다.

샥슈카 소스◆

구운 파프리카	500g	소금	6g
식용유	15g	설탕	6g
적양파	300g	다진 마늘	15g
완숙 토마토	600g	바질잎	8g
큐민 시드	0.5g	치포틀레	60g
칠리 플레이크	1g	홀 토마토(롱고바디 캔)	800g
크러쉬드 페퍼	1g		

1. 파프리카는 직화로 표면이 새까매질 때까지 충분히 그을린다.

2. 그을린 파프리카를 얼음물에 담가 까맣게 그을린 껍질을 제거하고, 씨와 꼭지도 제거한다.

3. 냄비에 식용유를 두르고 슬라이스한 적양파를 넣어 수분을 날리듯 볶는다.

4. 큼직하게 썬 **2**와 토마토를 넣고 강불에서 볶다가, 토마토의 수분이 나오면 냄비 바닥을 긁어가며 볶아 풍미를 끌어올린다.

5. 큐민 시드, 칠리 플레이크, 크러쉬드 페퍼, 소금, 설탕, 다진 마늘, 바질잎, 치포틀레를 넣고 향이 충분히 올라올 때까지 볶는다.

6. 홀 토마토를 넣고 과육을 으깨지 않으면서 절반 정도로 졸인다.

에그 인 헬

샥슈카 소스◆	250g
물 또는 채수	적당량
스모크 소시지(226p)	2개
달걀	2개
후추	적당량

1. 주물팬에 샥슈카 소스, 물 또는 채수를 넣고 약불에서 데우듯 조리한다. 끓기 시작하면 달걀 2개를 깨 넣고, 흰자가 천천히 익도록 약불을 유지하며 조리한다.

2. 프라이팬에서 스모크 소시지를 익혀 샥슈카 소스 위에 얹는다. 달걀 위에 후추를 뿌려 마무리한다.

캐네디언 등심 베이컨과
에그
베네딕트

에그 베네딕트는 각각 놓고 보면 평범한 재료들이 한 접시 위에서 역할을 나누며 완성되는 요리입니다. 캉파뉴는 접시의 바닥을 단단히 받쳐 주고, 햄은 단백질과 염도의 기준을 제시합니다. 데친 시금치는 맛의 흐름을 정리하는 완충 역할을 하며, 그 위에 올린 수란은 이 요리를 단순히 조합된 음식이 아니라 단계적으로 완성되는 음식으로 만듭니다. 홀렌다이즈 소스는 각 요소를 하나의 맥락으로 묶는 마무리 역할을 합니다.

캐네디언 베이컨은 지방이 많은 일반 베이컨과 달리, 등심을 염지해 가열한 햄에 가깝습니다. 접시에서 기름의 존재감을 강조하기보다 중심을 잡아주는 역할을 합니다. 캉파뉴와 수란, 홀렌다이즈 소스는 이미 버터와 노른자의 요소가 충분하기 때문에, 강한 지방과 향의 베이컨을 더하면 구조가 쉽게 무너질 수 있습니다. 반면 캐네디언 베이컨은 단단한 조직과 절제된 지방으로 접시의 균형을 세워 주며, 수란과 소스가 흐트러지지 않도록 받쳐 줍니다.

이 요리는 화려함보다 순서와 구조가 중요합니다. 어떤 재료를 더하느냐보다 각 요소를 언제, 어떤 상태로 올리느냐가 완성도를 좌우합니다. 에그 베네딕트는 브런치 메뉴이기 이전에, 주방에서 공정과 타이밍을 어떻게 이해하고 있는지를 분명하게 보여주는 요리입니다.

정제 버터◆

일반 무염 버터	적당량

* 소량 제조가 어려워 넉넉하게 잡은
　배합이다.

1.　버터를 투명한 내열 용기에 담아 중탕으로 천천히 녹인 뒤 냉장고에 넣고
　　단단하게 굳힌다.

　　녹인 후 다시 굳힌 버터는 사진처럼 두 개의 층으로 분리된다.

2.　굳은 버터를 용기에서 꺼내 찬물로 세척한 후 물기를 제거한다.

　　이렇게 하면 위쪽의 유지방만 남고, 아래쪽의 우청과 카제인은 물에 씻겨 제거된다.

3.　이렇게 만들어진 정제버터를 다시 녹이면 사진과 같은 액상 형태가 되는데,
　　본 요리에서는 이 상태로 사용한다.

홀렌다이즈 버터 소스◆

노른자	50g
화이트 와인 비네거	25g
소금	1g
정제 버터◆	75g

1. 볼에 노른자, 화이트 와인 비네거, 소금을 넣고 휘퍼로 고르게 섞은 후, 따뜻한 물이 담긴 중탕볼 위에 올려 약불에서 휘퍼로 계속 저으며 천천히 가열한다.

2. 거품이 생기고 농도가 되직해질 때까지 익힌다.

3. 농도가 잡히면 불에서 내려 녹인 정제 버터를 조금씩 나눠 넣어가며 유화시켜 마무리한다.

🌮 만약 농도가 너무 되직하게 느껴지면 뜨거운 물을 소량 섞는다.

에그 베네딕트

정제 버터◆	적당량
캉파뉴	1조각
올리브오일	적당량
시금치	25g
소금	적당량
후추	적당량
유러피안 채소	20g
레몬 드레싱(97p)	8g
캐네디언 등심 베이컨 (232p)	35g
수란(186p)	1개
홀렌다이즈 버터 소스◆	40g

1. 정제 버터를 두른 팬에 캉파뉴를 올려 앞뒷던이 노릇해질 때까지 굽는다.

2. 올리브오일을 두른 팬에 시금치를 넣고 숨이 죽을 때까지만 볶은 뒤 소금과 후추로 간을 한다.

3. 유러피안 채소를 레몬 드레싱에 가볍게 버무려 접시에 담고, 구운 캉파뉴를 함께 올린다.

4. 얇게 썬 캐네디언 등심 베이컨을 올린다.

5. 볶은 시금치와 수란을 올리고, 홀렌다이즈 버터 소스와 후추를 부려 마무리한다.

관찰레와

이탈리안 까르보나라 파스타

까르보나라는 본래 생크림을 사용하는 것이 아닌, 돼지고기에서 나온 지방과 노른자, 치즈, 후추가 만나 자연스럽게 완성되는 로마의 전통 파스타입니다.

이 요리는 팬에서 재료를 더해 가며 만드는 요리가 아니라, 불을 끄는 순간부터 완성되는 요리입니다. 관찰레에서 천천히 녹아 나온 지방이 면을 감싸고, 여기에 노른자와 페코리노 치즈가 잔열로만 유화되며 소스를 이룹니다.

크림 없이도 부드럽고 진한 질감이 만들어지는 이유는 재료의 종류가 아니라 온도에 있습니다. 까르보나라는 재료를 많이 사용하는 요리가 아니라, 열을 절제하는 요리입니다. 그래서 이 파스타는 레시피를 따라 만드는 요리가 아니라 타이밍을 배우는 요리이며, 기술보다 감각을 익히는 로마식 가정 요리입니다.

파스타 삶기

물	600g
소금	6g
스파게티니 건면	약 70g

1. 냄비에 물과 소금을 넣고, 물이 완전히 끓으면 면을 넣고 삶는다.

🌮 물은 면 중량의 최소 8배 이상을 사용하며, 소금은 물 대비 1% 양으로 사용한다.

🌮 제조사 권장 시간보다 1분 짧게 삶아 알덴테 상태로 준비한다.

2. 알덴테 상태로 삶아진 면을 건져 낸다.

🌮 삶은 면은 물에 헹구지 않으며, 면수는 버리지 않고 일부를 남겨 둔다.

3. 만약 바로 사용하지 않는다면, 면이 불거나 서로 붙는 것을 방지하기 위해 소량의 올리브오일에 버무린다. 이후 상온에서 3~5분간 휴지시킨 뒤, 선풍기를 사용하거나 저온의 공간에서 단시간에 열기를 식힌다.

파스타

관찰레(238p)	50g
올리브오일	40g
노른자	3개
면수 또는 닭 육수	60g
페코리노 치즈	6g
후추	1g

1. 올리브오일을 두른 팬에 0.5~0.7cm 크기로 깍둑 썬 관찰레를 넣고 약불에서 천천히 볶아 기름을 충분히 뽑아 낸다.

이 과정은 색을 내는 것보다는 관찰레의 지방을 녹이는 데 목적이 있다.

2. 관찰레가 투명해지고 가장자리가 살짝 바삭해지면 면수를 넣는다.

3. 삶은 면을 넣고 모든 재료가 어우러지도록 섞으며 가열한다.

4. 볼에 노른자를 넣고 섞는다.

5. 강판에 간 페코리노 치즈를 넣고 불을 끈 후, 후추를 충분히 뿌려 마무리한다.

코파와

병아리콩 수프

저에게 새벽에 빠르게 끓여 먹는 국 한 그릇은 복잡한 조리나 특별한 레시피보다, 몸을 데우고 하루를 버티게 하는 역할이 분명한 음식이었습니다. 오래 끓이지 않아도 되고, 재료가 많지 않아도 충분했던 그 국들은 음식이 가진 기본적인 기능을 자연스럽게 떠올리게 합니다.

이 수프는 그런 방향에서 구성했습니다. 병아리콩을 사용해 부담 없이 끓이되, 국처럼 편안하게 먹을 수 있도록 만들었습니다. 여기에 돼지 목살을 염지해 건조한 코파를 더해 짧은 조리 시간 안에서도 깊은 맛이 형성되도록 했습니다. 코파에서 우러나는 지방과 염지는 병아리콩의 고소함을 보완하며, 별도의 복잡한 조미 없이도 맛의 중심을 잡아 줍니다.

이 수프는 특별한 기술을 드러내기 위한 요리가 아니라, 빠르게 조리할 수 있으면서도 한 끼로 충분한 만족을 주는 구성을 목표로 합니다. 따뜻하게 먹을 수 있고, 부담 없이 반복해 만들 수 있는 수프입니다.

코파와 병아리콩 수프

코파(244p)	80g		다진 마늘	10g
삶은 병아리콩	150g		잘게 간 통큐민	1g
적양파	100g		크러쉬드 페퍼	1g
흰 대파	15g		월계수잎	2장
당근	50g		물	1500g
셀러리	50g		액상 치킨 스톡(메기)	15g
소금	적당량		시금치	20g
후추	적당량		사워크림	적당량
토마토 페이스트	40g			

* 여기에서는 고기 표면에 향신료를 뿌리지 않고 만든 코파를 사용했다.

1. 기름을 두르지 않은 팬에 작게 깍둑 썬 코파를 넣고 중약불에서 천천히 볶아 기름을 충분히 뽑아 낸다.

2. 삶은 병아리콩, 깍둑 썬 적양파, 흰 대파, 당근, 셀러리를 넣고 소금과 후추로 가볍게 간을 한 후 뚜껑을 덮어 채소에서 수분이 자연스럽게 빠져 나오도록 한다. 수분이 빠져 나오면 냄비 바닥에 눌어붙은 코파의 지방과 갈색화된 부분을 주걱으로 긁어 올리며, 풍미가 전체 재료에 퍼지도록 한다.

   🌮 병아리콩은 물에 담가 냉장고에서 12시간 또는 실온에서 3시간 동안 충분히 불린 뒤 삶아 건져 사용한다.

3. 토마토 페이스트, 다진 마늘, 큐민, 크러쉬드 페퍼, 월계수잎을 넣고 향이 올라올 정도로만 짧게 볶는다.

4. 물과 액상 치킨 스톡을 넣고 끓인다.

5. 병아리콩이 부드럽게 익을 때까지 끓이며 소금과 후추로 최종 간을 맞춘다.

6. 시식 직전에 시금치를 넣고 살짝만 끓인 뒤 불을 끈다.

   🌮 서빙 시 접시에 담고 사워크림을 한 스푼 올린다.

초리조

감자 뇨끼

이 메뉴는 초리조를 고기 자체로 소비하는 요리가 아니라, 초리조에서 천천히 우러나온 지방과 향을 채소에 입히는 방식으로 완성됩니다. 약불에서 익힌 초리조에서 나온 붉은 오일은 브로콜리의 표면을 코팅하고, 데쳐 기본 식감을 잡은 브로콜리는 그릴 위에서 단맛과 은은한 훈연 향을 더합니다.

마늘과 홍고추는 초리조의 기름에 향을 보완하는 역할로 사용되며, 전체 구성은 소시지 요리라기보다 채소 요리에 가깝습니다. 고기의 양은 줄이되 풍미는 유지하고, 샤퀴테리를 조미의 요소로 활용하는 접근을 통해 재료의 중심을 다시 설정한 메뉴입니다.

뇨끼 ◆

분질 감자	250g
(두백감자 또는 러셋 포테이토)	
OO밀가루	75g
(카푸토 프레스카)	
노른자	15g
파르미지아노 레지아노 치즈	19g
소금	1g
후추(선택)	적당량
넛맥(선택)	적당량

1. 오븐에서 익힌 분질 감자를 한김 식힌 후 체에 내리고 잠시 두어 수분을 날린다. 볼에 수분을 날린 감자, OO밀가루, 노른자, 파·르미지아노 레지아노 치즈, 소금을 넣고 가볍게 섞어 반죽을 만든다.

🌮 취향에 따라 후추와 넛맥 소량을 추가해도 좋다.

2. 완성된 반죽은 랩핑한 후 냉장고에서 약 1시간 숙성한다.

3. 적당한 크기로 자른 뒤 포크나 뇨끼 보드로 성형한다.

🌮 완성된 뇨끼는 바로 사용하거나, 냉동 보관한다.

구운 초리조 브로콜리

뇨끼◆	100g
올리브오일	60g
초리조(253p)	30g
홍고추	15g
다진 마늘	50g
삶은 브로콜리니	2개
소금	적당량

1. 끓는 물에 뇨끼를 넣고 익어 떠오르면 건진다.

2. 팬에 올리브오일을 넣고 약불에서 채 썬 초리조를 천천히 익혀 기름에 초리조의 색과 향이 충분히 배도록 한다.

3. 초리조의 향이 오일에 충분히 배면 슬라이스한 홍고추와 다진 마늘을 넣고, 마늘이 노릇해질 때까지만 짧게 익힌다.

4. 삶은 브로콜리니를 넣고 가볍게 볶는다.

🌮 브로콜리니는 1% 염도의 소금물에서 1분간 삶은 뒤 물기를 제거해 사용한다.

5. 뇨끼를 넣고 가볍게 버무려 마무리한다. 필요 시 소금을 추가해 간을 맞춘다.

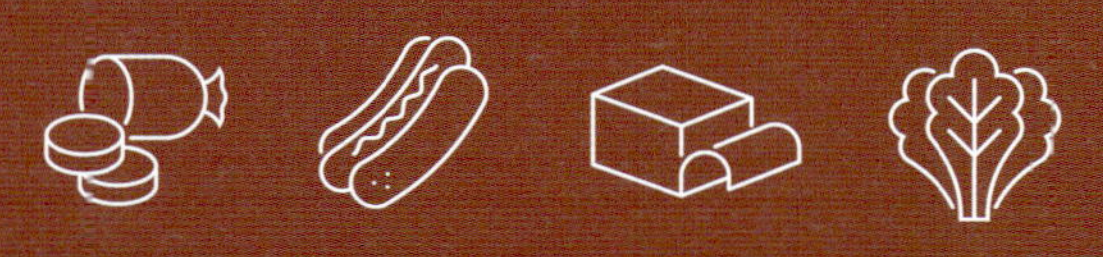

PART 6

메종의 확장

•

수공업에서 시스템으로

샤퀴테리 수업을 하다 보면, 기술적인 질문만큼이나 자주 받는 질문이 있습니다.

"이 제품을 판매하려면 어떤 신고가 필요한가요?"
"매장에서 만들어 포장해도 되나요?"
"온라인 판매도 가능한가요?"
"다른 매장에 납품할 수 있나요?"

이 질문들은 대개 수업이 어느 정도 진행된 이후에 나옵니다. 수제 샤퀴테리를 단순히 '만드는 재미'의 대상이 아니라, '실제로 써보고 싶은 음식', 나아가 '판매해 보고 싶은 음식'으로 인식하기 시작하는 시점입니다.

그러나 많은 사람들이 이 지점에서 막막해 하기 시작합니다. 기술은 배웠지만, 그 기술을 어디까지 활용할 수 있는지, 어떤 범위까지가 제도적으로 가능한지에 대한 기준을 충분히 설명 듣지 못했기 때문입니다.

이 파트에서는 수제 샤퀴테리를 기준으로, 취미에서 출발해 아티장 샤퀴테리 매장 메뉴로, 나아가 하나의 브랜드로 확장하기 위해 반드시 짚고 넘어가야 할 영업 신고와 구조를 정리해 보았습니다.

여러 영업 형태 가운데, 아티장 샤퀴테리를 출발점으로 삼았을 때 어떤 영업 신고를 설정하는 것이 합리적인지, 그리고 그 흐름을 어떻게 설계해야 하는지를 중심으로 살펴봅니다.

1

업종별 기본 구조 이해

❶ 휴게음식점

- 휴게음식점은 주로 음료와 간단한 조리식품을 제공하는 업종이다.

- 커피, 차, 샌드위치, 핫도그, 분식류, 간단한 베이커리처럼 매장에서 만들어 즉시 섭취하는 음식을 판매하는 구조이며, 주류 판매와 음주 행위는 허용되지 않는다.

- 조리된 음식을 매장에서 제공하거나 테이크아웃하는 것은 가능하지만, 햄이나 소시지와 같은 식품을 상품 형태로 포장해 판매하는 개념은 포함되지 않는다.

→ 즉, 즉시 취식용 음식 제공에 초점이 맞춰진 업종이다.

❷ 일반음식점

- 일반음식점은 식사와 요리를 중심으로 한 조리 업종이다.

- 브런치, 파스타, 스테이크, 샤퀴테리 플레이트처럼 조리된 음식을 매장에서 제공할 수 있으며, 식사와 함께 주류 판매와 부수적인 음주 행위도 가능하다.

- 테이크아웃은 가능하지만, 햄이나 소시지와 같은 식품을 상품 형태로 포장해 판매하는 것은 허용되지 않는다.

→ 즉, 조리와 제공을 목적으로 하는 업종이다.

❸ 즉석판매 제조·가공업 (관할: 지자체 보건위생과)

- 즉석판매 제조·가공업은 매장에서 직접 만든 식품을 최종 소비자에게 직접 판매하는 업종이다.

- 햄, 소시지, 반찬, 샌드위치, 도시락 등을 매장에서 제조해 포장하고, 동일한 장소에서 소비자에게 판매할 수 있다.

→ 이 업종의 핵심은 '즉석'과 '직접 판매'에 있으며, 다른 매장에 납품하거나 도매 형태로 유통하는 것은 허용되지 않는다.

❹ 통신판매업

- 통신판매업은 온라인몰, 스마트스토어, 자사 홈페이지 등을 통해 판매하는 영업 형태이다.

- 즉석판매 제조·가공업에 통신판매업을 추가하면, 매장에서 만든 식품을 온라인을 통해 최종 소비자에게 직접 판매할 수 있다.

❺ 식육즉석판매가공업 (관할: 지자체 축산과)

- 식육즉석판매가공업은 식육 또는 포장육을 전문적으로 판매하면서, 식육가공품을 직접 제조해 소비자에게 판매하는 업종이다.

- 통조림과 병조림은 제외된다.

- 정육점에서 단순히 고기를 판매하는 수준을 넘어, 고기를 원료로 양념육, 소시지, 햄, 육전, 육포 등의 가공품을 만들어 매장에서 직접 판매할 수 있다.

- 다만, 이를 활용한 부대찌개, 수제 햄 샌드위치, 수제 햄 브런치와 같은 조리 메뉴 판매는 허용되지 않는다.

→ 즉, 식육즉석판매가공업은 '고기를 판매하면서 동시에 가공까지 가능한 업종'이다.

❻ 식품·식육 제조가공업 (HACCP)

- 식품·식육 제조가공업은 유통과 납품을 전제로 식품을 제조하는 업종이다.

- 직접 만든 햄과 소시지를 일반 소비자에게 판매할 수 있을 뿐 아니라, 다른 매장이나 사업자에게도 공급할 수 있으며, 도매·유통사 납품도 가능하다.

- HACCP은 위생과 공정을 체계적으로 관리하는 시스템으로, 제조가공업에서 사실상 유통을 위한 기본 전제 조건에 해당한다.

 **정리**

휴게음식점·일반음식점 → 조리 후 즉시 취식용 음식 제공
즉석(식육)판매 제조·가공업 → 내가 만든 식품을 내가 직접 소비자에게 판매
통신판매업 → 온라인 소비자 직판 허용
제조가공업(HACCP) → 납품과 유통이 가능한 제조업 구조

2

즉석판매제조가공업과
식육즉석판매가공업의 차이

즉석판매제조가공업과 식육즉석판매가공업은 명칭이 유사해 혼동하기 쉽지만, 적용 법령과 영업 범위에서 명확한 차이가 있습니다.

즉석판매제조가공업은 「식품위생법」의 적용을 받으며, 원료의 종류와 관계없이 매장에서 식품을 제조·가공해 판매할 수 있는 업종이며 빵, 소스, 샐러드, 델리, 햄, 소시지 등 대부분의 식품이 포함됩니다.

반면 식육즉석판매가공업은 「축산물 위생관리법」의 적용을 받으며, 식육을 원료로 한 제품 가공에 특화된 업종이며 소시지, 햄, 베이컨, 파스트라미, 염지육, 양념육 등 고기 제품이 중심이 되며, 식육의 보관과 취급에 대 한 기준이 보다 엄격하게 적용됩니다.

즉, 즉석판매제조가공업은 '식품' 중심의 업종이고, 식육즉석판매가공업은 '식육과 축산물' 중심의 업종입니다.

구분	즉석판매제조가공업	식육즉석판매가공업
운영 콘셉트	다양한 식품을 매장에서 제조·가공해 판매	식육을 원료로 한 제품 가공·판매
주 취급 품목	햄, 소시지, 샌드위치, 샐러드, 소스 등	햄, 소시지, 베이컨, 염지육 등
제품 범위	전 식품군	고기 제품 중심
법적 근거	식품위생법	축산물 위생관리법
적합한 매장	델리숍, 브런치숍, 복합형 매장	정육 기반 가공 매장
한 줄 요약	복합형 매장에 적합	고기 전문 매장에 적합

총 영업 신고 기준 표

구분	매장 방문 고객(B2C)	온라인 소비자(B2C)	타 사업자 납품(B2B)	도매·유통	비고
식품·식육 제조가공업 (HACCP)	가능	가능	가능	가능	유통·납품까지 전제로 한 제조업 구조이므로 초기 진입 장벽이 높다.
즉석판매제조가공업	가능	불가	불가	불가	소비자 직판 구조이다. 온라인 판매를 계획한다면 통신판매업을 함께 신고하는 편이 유리하다.
즉석판매제조가공업 + 통신판매업	가능	가능	불가	불가	소비자 직판 전용 구조이다.
일반음식점 또는 휴게음식점	가능	불가	불가	불가	매장 내 취식 및 테이크아웃 중심이다.

3

사례로 보는 영업 형태 구분

사례 ① 매장에서 수제 잠봉 뵈르 바게트를 만들어 즉시 판매하는 경우
→ 일반음식점·휴게음식점·즉석판매제조가공업 가능

사례 ② 잠봉만 따로 포장해 판매하는 경우
→ 즉석판매제조가공업 또는 식품·식육 제조가공업 필요

사례 ③ 포장된 잠봉을 온라인으로 판매하는 경우
→ 즉석판매제조가공업 또는 제조가공업 + 통신판매업 필요

사례 ④ 다른 매장에 잠봉을 납품하는 경우
→ 식품·식육 제조가공업(HACCP) 필수

사례 ⑤ 도매·유통사를 통해 공급하는 경우
→ 식품·식육 제조가공업(HACCP)만 가능

4

즉석판매제조가공업 이후의 관리 구조

즉석판매제조가공업은 신고로 끝나는 업종이 아니라, 영업 개시 이후에도 정기적인 위생 관리와 자가 품질검사, 수시 위생점검이 지속적으로 이루어지는 구조를 갖습니다. 「식품위생법」 제31조에 따라 대상 식품을 제조·가공하는 경우 자가품질검사를 9개월마다 1회 이상 실시해야 하며, 그 결과는 2년간 보관해야 합니다. 자가품질검사는 문제가 발생했을 때만 시행하는 절차가 아니라, 평소 제품의 안전성을 스스로 관리하고 있음을 증명하는 최소한의 품질관리 체계입니다. 따라서 즉석판매제조가공업은 단순히 음식을 만들어 판매하는 업종이 아니라, 기본적인 품질관리 책임을 동반한 소규모 제조업에 가깝습니다.

메종 샤퀴테리의 다음 장

샤퀴테리는 기술에서 시작하지 않습니다. 그 출발점은 언제나 삶과 식탁입니다. 가족과 함께 나눌 수 있는 음식, 집에서도 만들 수 있는 햄과 소시지에서 이 모든 이야기는 시작되었습니다.

이 책에서 말하는 메종은 공간이 아니라 태도입니다. 어떤 마음으로 음식을 만들 것인가, 누구와 나누기 위해 만들 것인가에 대한 질문입니다. 샤퀴테리는 전통을 그대로 재현하는 일이 아니라, 전통이 만들어진 원리를 이해하고 각자의 환경에 맞게 다시 작동시키는 과정입니다.

아티장이란 유럽의 방식을 따라 하는 사람이 아닙니다. 자신이 살아온 환경과 기후, 재료와 식문화를 기준으로 전통을 다시 조율할 수 있는 사람입니다. 그렇게 만들어진 샤퀴테리는 정답은 아니지만, 자신의 식탁에서는 가장 설득력 있는 음식이 됩니다.

배움은 혼자 완성되지 않습니다. 전수되지 않는 기술은 사라지고, 나눠지지 않는 가치는 이어지지 않습니다. 이 책을 통해 얻은 기술과 관점이 개인의 성취에 머무르지 않고, 누군가에게 다시 건네지기를 바랍니다. 나누는 순간, 기술은 하나의 흐름이 되고 문화가 됩니다.

메종 샤퀴테리의 미래는 하나의 브랜드나 정답에 있지 않습니다. 각자의 식탁에서, 각자의 환경에서 자신만의 메종을 지켜 나가는 사람들 속에 있습니다. 유행은 지나가지만, 나다움은 남습니다. 이 책이 각자가 이미 가지고 있던 나다움을 다시 바라보는 계기가 되기를 바랍니다.

파스타 프레스카

김낙영 지음 | 248p | 33,000원

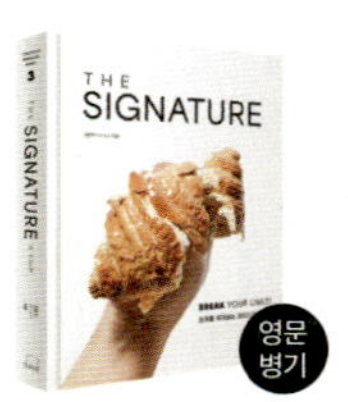

더 시그니처

: 한계를 뛰어넘는 파티스리 테크닉

김동석 지음 | 280p | 52,000원

**안녕느린토끼
홈메이드 피자 클래스**

고윤희 지음 | 160p | 27,000원

**셰프 안토니오의
진짜 나폴리 화덕 피자**

안토니오 심 지음 | 288p | 33,000원

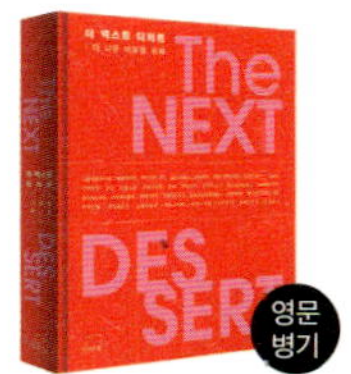

더 넥스트 디저트

강경원 외 31명 저 | 512p | 55,000원

플레이트 바이 플레이트

박준우 외 29명 저 | 480p | 55,000원

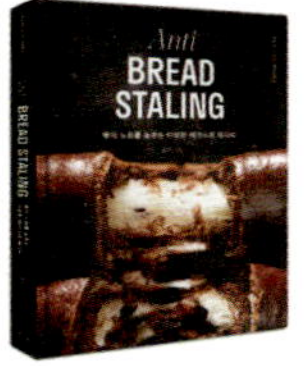

**빵의 노화를 늦추는
다양한 테크닉과 레시피**

홍상기 지음 | 304p | 44,000원

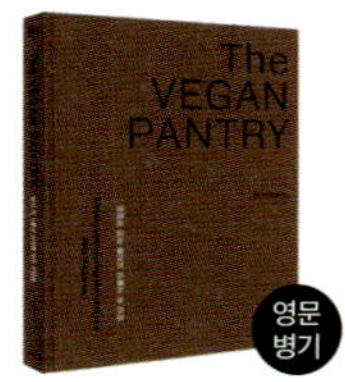

더 비건 팬트리

성시우 지음 | 176p | 29,000원

더 에센셜

고아라 지음 | 208p | 28,000원

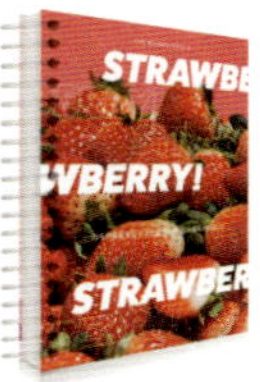

STRAWBERRY

고아라 지음 | 168p | 28,000원

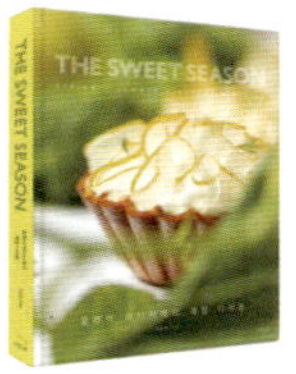

더 스위트 시즌

여윤형 지음 | 332p | 38,000원

테디뵈르하우스 비엔누아즈리 북

김동윤 지음 | 208p | 36,000원

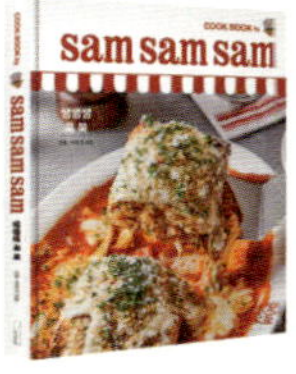

쌤쌤쌤 쿡 북

김훈, 이민직 지음 | 152p | 28,000원

조이스키친 쇼트케이크

조은이 지음 | 368p | 38,000원

**젤라또, 소르베또,
그라니따, 콜드 디저트**

유시연 지음 | 264p | 38,000원

식탁 위의 작은 순간들

박준우 지음 | 320p | 38,000원

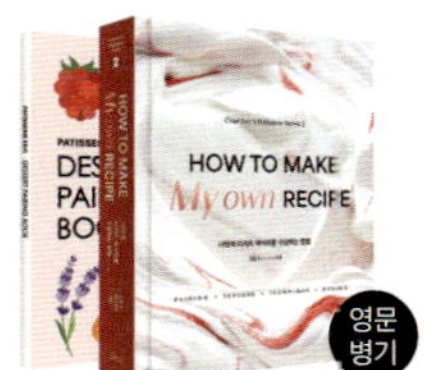

**나만의 디저트 레시피를
구상하는 방법**

김동석 지음 | 656p | 59,000원

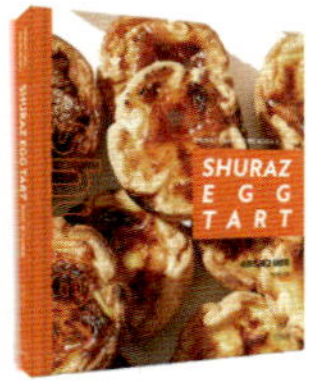

슈라즈 에그 타르트

박지현 지음 | 120p | 26,000원

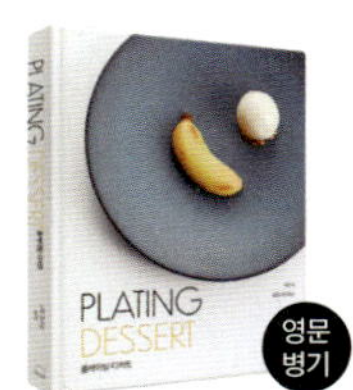

플레이팅 디저트

이은지 지음 | 192p | 32,000원

강정이 넘치는 집 한식 디저트

황용택 지음 | 232p | 24,000원